超狂圖解
三十六計

一頁式簡報 × 36張全局思考分析圖

不知文化・巨人的口袋 ｜ 萬物皆模型系列創作者
不知先生
編著

野人

野人家 245

超狂圖解 三十六計
一頁式簡報 × 36張全局思考分析圖

作　　者	不知先生

野人文化股份有限公司

社　　長	張瑩瑩
總 編 輯	蔡麗真
責任編輯	陳瑾璇
助理編輯	蘇鋐濬
專業校對	林昌榮
行銷經理	林麗紅
行銷企畫	李映柔
封面設計	倪旻鋒
美術設計	洪素貞

出　　版	野人文化股份有限公司
發　　行	遠足文化事業股份有限公司(讀書共和國出版集團) 地址：231 新北市新店區民權路 108-2 號 9 樓 電話：（02）2218-1417　傳真：（02）8667-1065 電子信箱：service@bookrep.com.tw 網址：www.bookrep.com.tw 郵撥帳號：19504465 遠足文化事業股份有限公司 客服專線：0800-221-029
法律顧問	華洋法律事務所　蘇文生律師
印　　製	博客斯彩藝有限公司
初版首刷	2025 年 6 月

有著作權　侵害必究

特別聲明：有關本書中的言論內容，不代表本公司/出版集團之立場與意見，文責由作者自行承擔

歡迎團體訂購，另有優惠，請洽業務部（02）22181417 分機 1124

國家圖書館出版品預行編目（CIP）資料

三十六計【超狂圖解】：一頁式簡報 X 全局思考分析圖 / 不知先生作. -- 初版. -- 新北市：野人文化股份有限公司出版：遠足文化事業股份有限公司發行, 2025.06
　面；　公分. -- (野人家；245)
ISBN 978-626-7716-57-1(平裝)
ISBN 978-626-7716-55-7(EPUB)
ISBN 978-626-7716-56-4(PDF)

1.CST: 兵法 2.CST: 謀略 3.CST: 中國

592.09　　　　　　　　　　114007317

中文繁體版通過成都天鳶文化傳播有限公司代理，經天津鳳凰空間文化傳媒有限公司授予野人文化股份有限公司獨家發行，非經書面同意，不得以任何形式，任意重製轉載。

野人文化 官方網頁	野人文化 讀者回函	三十六計【超狂圖解】 線上讀者回函專用QR CODE，你的寶貴意見，將是我們進步的最大動力。

目錄 CONTENTS

- 前言 — 01
- 總說 — 02
- 勝戰計 — 04
  - 01. 瞞天過海 — 04
  - 02. 圍魏救趙 — 06
  - 03. 借刀殺人 — 08
  - 04. 以逸待勞 — 10
  - 05. 趁火打劫 — 12
  - 06. 聲東擊西 — 14
- 敵戰計 — 16
  - 07. 無中生有 — 16
  - 08. 暗度陳倉 — 18
  - 09. 隔岸觀火 — 20
  - 10. 笑裡藏刀 — 22
  - 11. 李代桃僵 — 24
  - 12. 順手牽羊 — 26
- 攻戰計 — 28
  - 13. 打草驚蛇 — 28
  - 14. 借屍還魂 — 30
  - 15. 調虎離山 — 32
  - 16. 欲擒故縱 — 34
  - 17. 拋磚引玉 — 36
  - 18. 擒賊擒王 — 38
- 混戰計 — 40
  - 19. 釜底抽薪 — 40
  - 20. 渾水摸魚 — 42
  - 21. 金蟬脫殼 — 44
  - 22. 關門捉賊 — 46
  - 23. 遠交近攻 — 48
  - 24. 假道伐虢 — 50
- 並戰計 — 52
  - 25. 偷梁換柱 — 52
  - 26. 指桑罵槐 — 54
  - 27. 假痴不癲 — 56

28. 上屋抽梯	58	
29. 樹上開花	60	
30. 反客為主	62	

🏯 敗戰計　　　　64
　31. 美人計　　　　64
　32. 空城計　　　　66
　33. 反間計　　　　68

34. 苦肉計	70	
35. 連環計	72	
36. 走為上計	74	

🏯 【附錄】來源典故　　76

前言 PREFACE

視覺大翻新！用現代美學打開《三十六計》！

　　《三十六計》又稱《三十六策》，是一部兵法奇書，其語源可追溯至南北朝，成書於明清時期，內容記載了36條兵法謀略。全書以《易經》為理論基礎，引用《易經》達27處，涵蓋「六十四卦」中的22卦。透過陰陽變化的推演，建構出一套適用於兵法的剛柔、奇正、攻防、彼己、主客、勞逸等對立關係的轉換機制。這些原理展現了極強的辯證思維，也為我們提供了一套靈活多變的思考策略。

　　然而，隨著時代的變遷，對現代人而言，理解並應用這些兵法智慧並非易事。為了讓更多人能夠直觀地閱讀並掌握《三十六計》，我們特別推出了《三十六計【超狂圖解】》。本書以中華書局出版的《孫子兵法·三十六計》為底本，結合「全局思考分析圖」與文字解說，生動呈現每一計謀的核心思想與內涵，幫助讀者快速掌握其精髓與應用要點。

　　在編寫過程中，我們忠實於原著的兵法理論，同時融入現代美學與設計理念，精心挑選既符合當代審美，又能彰顯傳統文化底蘊的視覺元素與色彩搭配。每一幅圖皆經過反覆設計與打磨，力求以最直觀、最簡潔的方式呈現各項計謀的核心精神與內涵。

　　用視覺化的方式重新詮釋《三十六計》，不僅是對傳統文化的傳承與創新，更是用現代化的表達來發揚古老智慧。我們期望透過這種方式，突破時間的限制，讓古老智慧在現代社會中綻放新生光芒。不論是職場競爭、商業談判，還是生活瑣事與人際互動，《三十六計》中的智慧皆能為我們提供獨特的視角與解決之道。

　　希望本書能成為您生活中的智慧手冊，幫助您從容應對這個多變的世界，開啟屬於自己的智慧新篇章。

總說

原文

用兵如孫子，策謀三十六。六六三十六，數中有術，術中有數。陰陽燮理，機在其中，機不可設，設則不中。

按語：解語重數不重理，蓋理，術語自明；而數，則在言外，若徒知術之為術，而不知術中有數，則數多不應。且詭謀權術，原在事理之中，人情之內。倘事出不經則詭異立見，詫世惑俗而機謀泄矣。或曰，三十六計中，每六計成為一套，第一套為勝戰計，第二套為敵戰計，第三套為攻戰計，第四套為混戰計，第五套為並戰計，第六套為敗戰計。

譯文

帶兵打仗，就該像孫武那樣高瞻遠矚，掌控全局；至於具體該如何打贏每一場仗，則要學會靈活運用《三十六計》的戰術智慧。所謂「六六三十六」，意思是戰略的設計離不開「計算」和「謀畫」；而好的計謀，也必須建立在精確的分析與推算之上。這就像「陰陽燮理」（調和、治理國家大事）的道理一樣──互相對立的兩面其實可以互補，共同構成完整的局勢。換句話說，作戰的機會和策略不能強硬安排、設計，若違背現實狀況強行施謀，往往得不到好結果。

按語：這段話是在強調「計算與推演」的重要性，而不是空講大道理。戰略的原理已經寫得很清晰，但真正實戰時，需要根據實際情況來調整計畫，這些細節往往很難事先講清楚。如果只是為了設計計謀而發想許多策略，卻不了解策略必須建立在縝密的分析與推算上，那這樣的計謀往往不會成功。

制定計謀與應變方法時，必須符合常理與人性。如果所用的手段太過離奇古怪，反而會讓人起疑，導致原本的計謀被識破、失去效果。

另外，有人認為《三十六計》可以分為六大類，每類包含六個計策：第一組為「勝戰計」，第二組為「敵戰計」，第三組為「攻戰計」，第四組為「混戰計」，第五組為「並戰計」，第六組為「敗戰計」。

啟示

「六六三十六」的含意，除了上文用「數」與「術」來解釋外，還有另一種理解方式：「六六三十六」也可用來比喻「六」與「六」之間的相互作用，猶如「一陰一陽之謂道」。「三十六」象徵「道」，也代表無限的變化。簡單來說，「六六三十六」蘊含了「主觀」與「客觀」之間的辯證關係。

「數（客觀規律）中有術（主觀策略），術中有數」，意思是：主觀策略必須建立在客觀規律之上，而客觀規律則為主觀判斷提供依據。陰陽調和、對立統一，正是客觀事物中存在的矛盾關係，而機謀就隱藏在這其中。換句話說，制定計謀時不能憑空幻想，也不能單靠主觀意志來臆斷，否則將違背客觀規律。就像冬天硬要播種，這種做法只是主觀想像，結果必然失敗。客觀規律並不會因人的意志而改變。如果我們想成功，或想把事情做對，就一定要先認清楚現實的情況和規律，這樣才能找出正確的方法與策略。

總結：生活中面對困難和挑戰時，應該學會靈活運用智慧和策略，以最小的代價獲得最大的成功。

數中有術，術中有數

解釋1
計算與謀畫後再設計策略，同時，策略也依賴著縝密的計算

數中有術──知彼知己、知天知地，事先有縝密的計算，才能發想出具體策略
術中有數──具體的策略依賴於縝密的計算，且會隨著計算的不斷調整而變化

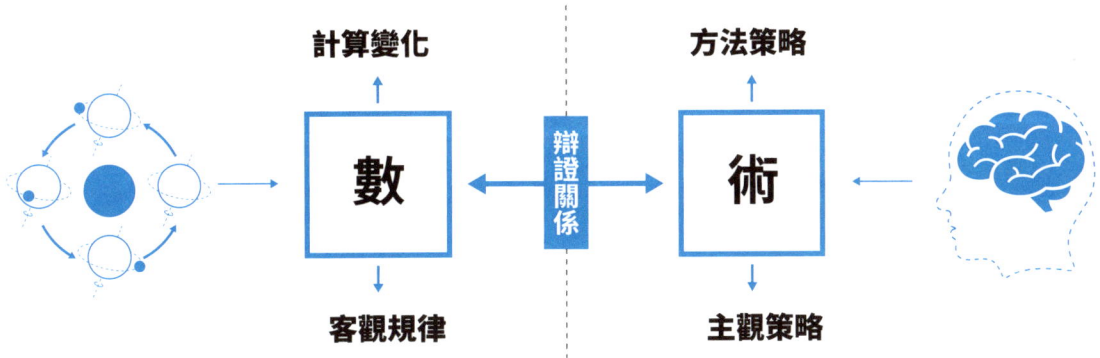

解釋2
客觀規律是主觀方略的依據，而主觀策略又建立在客觀規律之上

數中有術 ── 了解客觀規律就能自然推導出主觀策略
術中有數 ── 主觀策略要順應於客觀規律的發展變化

1	2	3	4	5	6
勝戰計	敵戰計	攻戰計	混戰計	並戰計	敗戰計
我強敵弱的情況下所施展的計謀	雙方勢均力敵情況下所施展的計謀	籌畫攻擊時所施展的計謀	混亂局勢下所施展的計謀	備戰時所施展的計謀	處於劣勢時所施展的計謀

01 瞞天過海

勝戰計

> **原文**
>
> 備周則意怠，常見則不疑。陰在陽之內，不在陽之對。太陽，太陰。
>
> **按語**：陰謀作為，不能於背時祕處行之。夜半行竊，僻巷殺人，愚俗之行，非謀士之所為也。如：開皇九年，大舉伐陳。先是弼請緣江防人，每交代之際，必集歷陽，大列旗幟，營幕蔽野。陳人以為大兵至，悉發國中士馬，既知防人交代。其眾復散，後以為常，不復設備，及此，弼以大軍濟江，陳人弗之覺也。因襲南徐州，拔之。

譯文

準備得越周密，人的意志反而越容易鬆懈；對於常見之事不加懷疑，便容易產生輕視之心。真正的祕密應該隱藏在公開的行動之中，而不是與公開的行動相對立。許多極其公開的行動，往往正是掩藏重大陰謀的幌子。

按語：陰謀詭計並不是靠偷偷摸摸、躲在陰暗處就能完成的。像深夜行竊、在偏僻胡同殺人這類行為，只是愚夫俗子的手段，不是真正謀士的作風。西元589年，隋朝大舉進攻陳國。陳國是由陳霸先於西元557年稱帝建立，定都建康（今日的南京）。戰前，隋將賀若弼奉命統領長江防線，經常組織沿江守備部隊調動防區。每次調動防區時，便命令部隊集中於歷陽（安徽省和縣一帶），還特令三軍集結時，必須大張旗幟、遍設警帳，刻意張揚聲勢，藉此迷惑陳國。果然，陳國難辨虛實，起初誤以為隋軍將至，便全力調動士卒兵馬準備迎戰。但不久後，又發現僅是隋軍守備人馬調換防區，並非出擊，陳國便撤回集結的迎戰部隊。此後，隋軍屢次調動，不露蛛絲馬跡，陳國逐漸司空見慣，戒備也日漸鬆懈。最終，當賀若弼率大軍真正渡江進攻時，陳國竟毫無察覺。隋軍宛如天兵壓頂，令陳軍猝不及防，一舉攻下陳國的南徐州（今江蘇省鎮江市一帶）。

啟示

周全到極致，反而可能變得不周全，因為過度周密會讓人產生鬆懈之心；而習以為常的事物，若見得太多、看得太久，人就容易掉以輕心。因此，周全與不周全、尋常與不尋常，並不是彼此對立的兩端，而是相互包容的關係——你中有我，我中有你。不周全隱藏在周全內，周全也隱藏在不周全內；尋常隱藏在不尋常中，不尋常也隱藏在尋常之中。

「瞞天過海」這一典故出自《永樂大典・薛仁貴征遼事略》，「瞞」是手段，「天」則代表被欺瞞的對象，這裡的「天」泛指一切對行動者構成威脅的目標；而「過海」則是欺瞞行動所欲達成的目的。簡而言之，「瞞天過海」就是透過製造假象來掩蓋事實真相，藉此達到目的。

這與《孫子兵法》所講的「虛實」概念不同，「虛實」強調的是對戰局與形勢的判斷，「瞞天過海」則更強調欺騙和偽裝。

總結：做決策時，應根據實際情況，實事求是地分析各項因素，並綜合判斷各因素之間的相互關係與影響。

「瞞天過海」是利用人們習以為常的認知慣性，來製造錯覺的計謀。

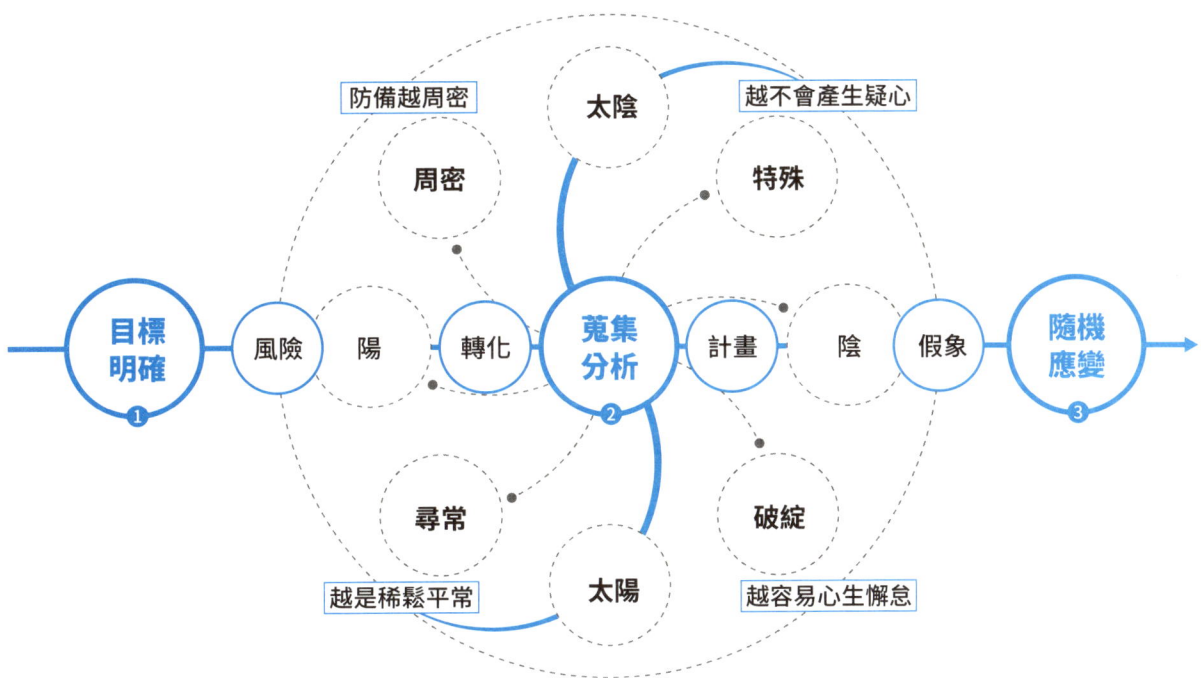

「瞞天過海」的思維路徑

① 手段：「瞞」是實施計謀的手段。在展開行動之前，必須先分析、明確目標，評估實現目標的難度及可能遭遇的風險，這些是「瞞」的前提條件。

② 對象：充分了解被「瞞」的對象，蒐集、整理與分析其相關資訊。在此基礎上，制定具體計畫，設計出足以迷惑對方的「瞞天」假象。

③ 目的：「過海」則是達成目標的具體行動方針。行動過程中需根據實際情況靈活應變，確保整體目標得以順利實現、不受干擾。

如何破解「瞞天過海」之計？

堅持學習，不論是透過閱讀還是實戰，根本目的在於提升個人的認知水平與判斷能力。

法國科學家笛卡爾曾說：「絕對不要把自己還不確定的事物，當作是真的來相信。」保持懷疑精神，避免盲目相信。

凡事物極必反，反常之事往往隱藏著異常；看似過於正常的情況，有時也可能暗藏玄機。要提升洞察力，並養成主動思考與分析問題的能力。

學會反思，並透過現象看清事物的本質。世間真假難辨、虛實交錯，唯有親自明辨，才是真正的看清。

05

02 圍魏救趙

勝戰計

原文

共敵不如分敵，敵陽不如敵陰。

按語： 治兵如治水，銳者避其鋒，如導疏；弱者塞其虛，如築堰。故當齊救趙時，孫子謂田忌曰：「夫解雜亂，糾紛者不控拳，救鬥者不搏撠，批亢搗虛，形格勢禁，則自為解耳。」

譯文

攻打敵方主力，不如先設法分散其兵力後，再各個擊破；正面強攻，不如出奇制勝，打擊敵人氣勢薄弱之處。

按語： 治理軍隊如同治理洪水，面對來勢兇猛的敵人，應避其鋒芒，就如同治理洪水要疏導水流一樣；面對弱小的敵人，則要堵截殲滅，就如同治理洪水要築堤攔水一樣。當年，齊國出兵援救趙國時，孫子曾對田忌說：「解開雜亂糾紛的線索，不必用拳頭；制止他人的鬥毆，不必親自參與搏鬥。」只要抓住關鍵要害，乘虛而入，採取間接、靈活的戰術，問題自然就會迎刃而解。

啟示

治兵如治水，《孫子兵法・虛實篇》說道：「夫兵形象水，水之形避高而趨下，兵之形避實而擊虛。」「圍魏救趙」一方面體現了「形與勢」、「虛與實」、「奇與正」的靈活運用。面對強敵，與其正面硬碰，不如採取虛招、奇招；與其在正面死拚，不如從側翼分化瓦解對手。另一方面，此處的「分」不僅是指分散兵力，也有分散注意力的意思，目的是透過攻打敵方薄弱之處，迫使對方回援，達成「解圍」的目的。就像兩位拳擊手對戰，若能專攻對方的破綻，對方就不得不反覆防守、分心顧及，從而無法全力應戰。

 總結： 人類的弱點之一，是容易陷入「具體」的事件中，忽略了從整體高度觀察全局的「眼光」。

「圍魏救趙」是繞過表面困局，從根源來解決問題的策略。

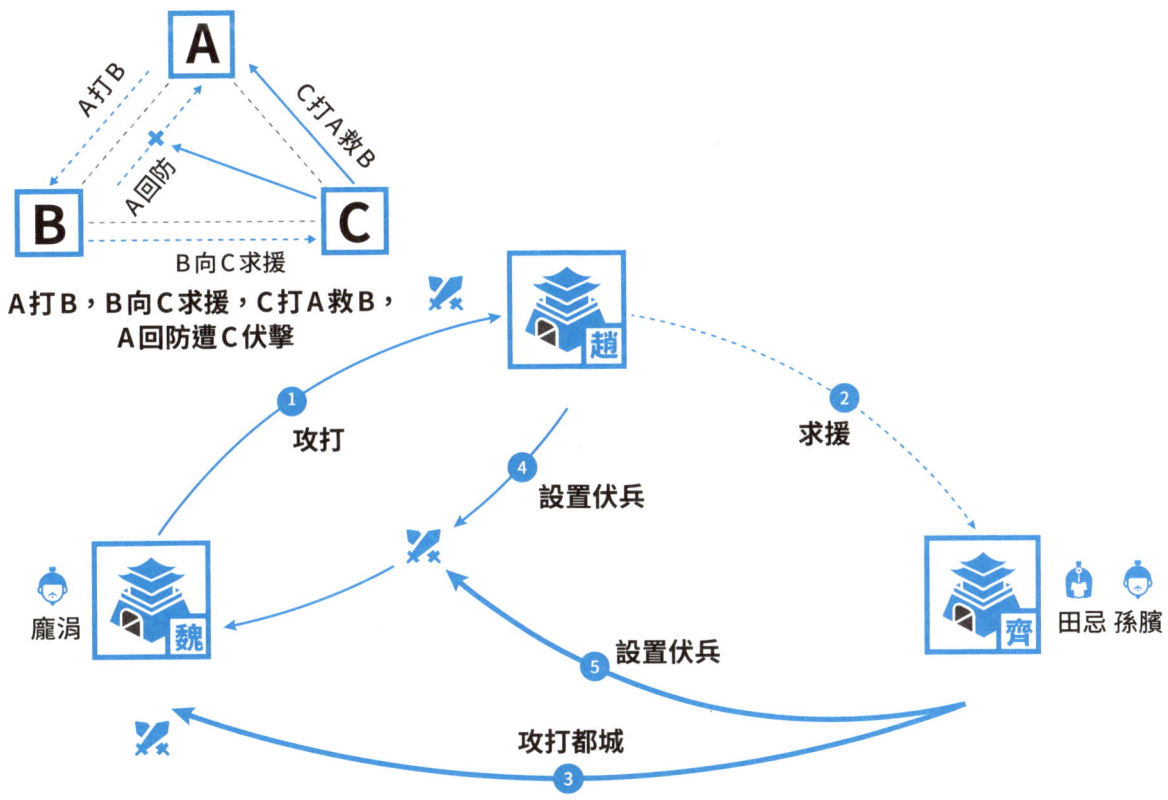

> ★ 「圍魏救趙」是中國歷史上一場著名的戰役，發生於戰國時期。西元前353年，魏國出兵攻打趙國都城邯鄲，趙國因此向齊國求援。齊國大將田忌與軍師孫臏奉命率軍救援，孫臏提出「圍魏救趙」之策，建議不要直接迎戰魏軍，而是繞道直攻魏國都城大梁，以迫使魏軍回援。田忌採納建議，率軍突襲大梁。魏軍果然被迫從邯鄲撤軍，返回救援。孫臏趁機在魏軍歸途設下伏兵，一舉大敗魏軍。這場戰役充分展現了孫臏靈活運用兵法與計謀的智慧，是中國古代兵法的經典實例。這場戰役不僅成功解救了趙國，也大大提升了齊國聲望，為其在戰國時期的崛起奠定了重要基礎。

如何破解「圍魏救趙」之計？

要如何消除仇恨？特斯拉創辦人馬斯克的回答是：「變得比那些憎恨你的人更強大，讓他們無法摧毀你，然後選擇原諒他們。」無論何時，我們都應該持續學習、精進自己，以迎接未知的挑戰，同時也不依賴他人。

事前必須充分了解對方的資訊，知己知彼、知天知地，這是建立全局思維的基礎。在此基礎上，你才能全面把握事物的整體局勢，因敵致勝，並隨時根據變化調整策略。

07

勝戰計

03 借刀殺人

原文

敵已明，友未定，引友殺敵，不自出力，以〈損〉推演。

按語： 敵象已露，而另一勢力更張，將有所為，便應借此力以毀敵人。如：鄭桓公將欲襲鄶，先向鄶之豪傑、良臣、辨智、果敢之士盡書姓名，擇鄶之良田賂之，為官爵之名而書之，因為設壇場郭門之外而埋之，釁之以雞豭，若盟狀。鄶君以為內難也，而盡殺其良臣。桓公襲鄶，遂取之。諸葛亮之和吳拒魏，及關羽圍樊、襄，曹欲徙都，懿及蔣濟說曹曰：「劉備、孫權外親內疏，關羽得志，權必不願也。可遣人勸躡其後，許割江南以封權，則樊圍自釋。」曹從之，羽遂見擒。

譯文

敵方的態度已經明確，而盟友的立場還不明確，此時應當設法誘導盟友出手摧毀敵方，自身則無須耗損過多的力量。這種策略邏輯，是根據《易經》中的〈損卦〉所推演出來的計謀。

按語： 當敵方已顯露形跡，而另一股勢力更強大，且即將有所作為，便應該藉助這股力量來摧毀敵人，以達成己方之利。例如，鄭桓公意圖襲擊鄶國，為達此目的，事先查訪鄶國的豪傑、良臣以及聰慧果斷之士，一一記錄他們的姓名，並將鄶國的良田作為賞賜，許諾日後封官爵和俸祿，且詳細紀載所有名單與許諾事項。接著，桓公在鄶國城郭之外設立壇場，將這些記錄連同賄賂之物一併埋藏，並以雞、豬等牲畜為祭品舉行祭祀，形式上如同訂立盟約一般。鄶君得知此事，誤以為國家內部出現叛變，於是下令誅殺全部良臣。桓公乘機襲擊鄶國，順利占領了鄶國。

又如三國時期，諸葛亮聯合東吳共同抵抗曹操，直至關羽圍困樊城與襄陽之時，曹操憂心局勢惡化，打算遷都避禍，司馬懿和蔣濟進言勸說曹操道：「劉備與孫權表面親近，實則彼此猜忌，關羽得志，孫權心中必然不願見其坐大。可乘此時機，派人暗中挑撥離間他們之間的關係，並許諾割讓江南之地給孫權，屆時樊城的圍困就會解除。」曹操聽從他們的建議，隨後孫權派兵襲擊關羽後方，最終導致關羽腹背受敵、被俘身亡。

啟示

《易經・損卦》中〈象〉曰：「損下益上，其道上行。」所謂「損」，是指損失、捨棄；「益」則是獲益、獲得。損中有益，益中有損，兩者相互轉化、對立統一。〈損卦〉本意在於「主動損己」，即有意識地降低、減少自身的欲望與需求等，以順應外部環境的變化。簡而言之，就是懂得適時取捨、主動讓步，以達到和諧的狀態。

理解了〈損卦〉，也就能明白「借刀殺人」這項計策是如何推演出來的。這一計策的核心在於「力」的調用，體現了手段與策略，即利用他人之力，例如力量、資源、能力，達成自身目的的方式。現實中，此策略可見於國與國之間的戰爭，也可見於政治鬥爭中的權力角逐，如同《孫子兵法》所述：戰爭往往是政治的延續；此計同樣適用於日常生活或工作中人際關係的角力，乃至於企業之間的商業競爭等等。

總結： 「借刀殺人」之計容易引發道義上的爭議與反感，若非必要，應當謹慎使用。然而江湖險惡，懂得此計，總比一無所知來得好。

「借刀殺人」是利用第三方力量來達到自己目標的計謀。

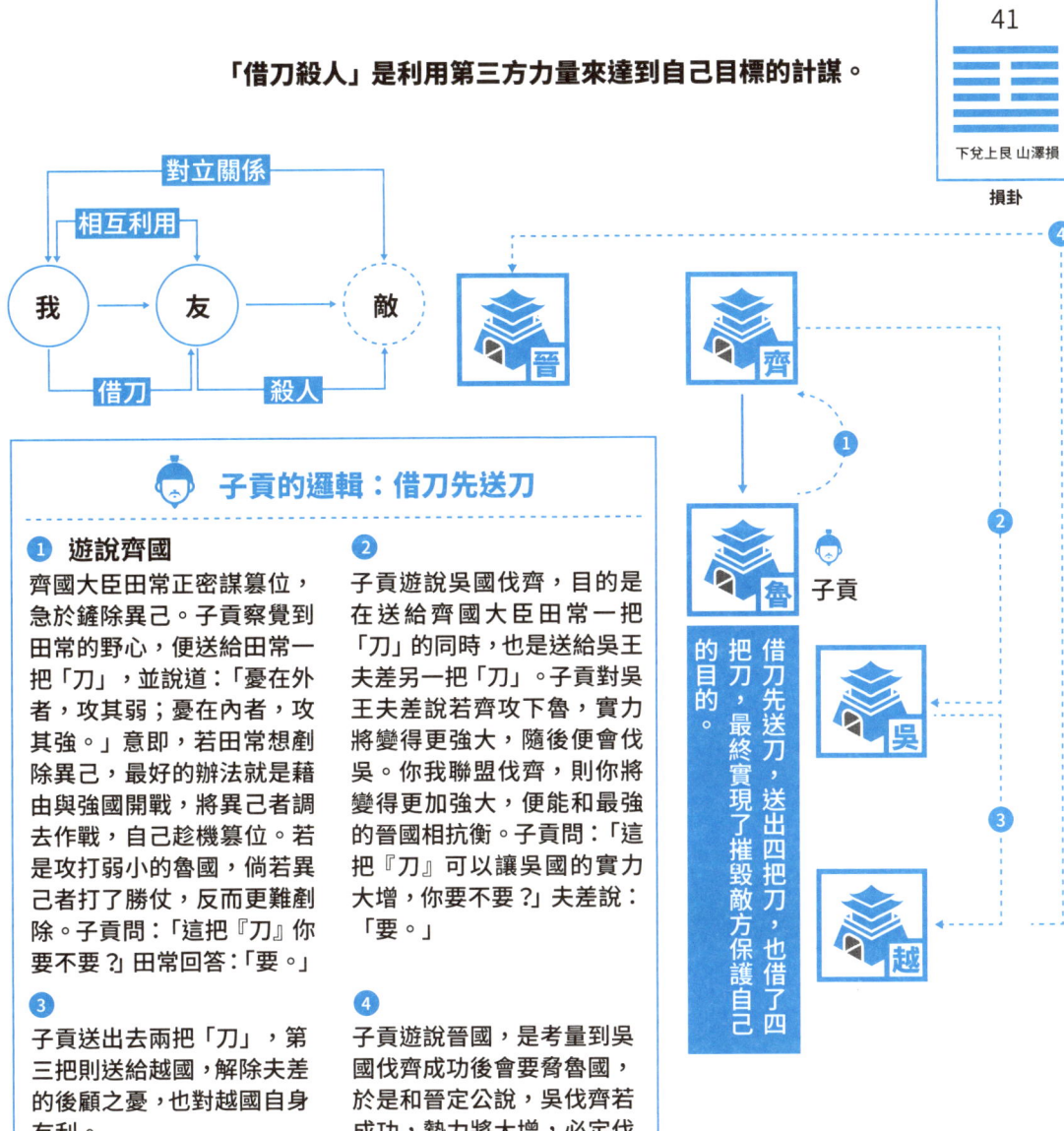

子貢的邏輯：借刀先送刀

① 遊說齊國
齊國大臣田常正密謀篡位，急於鏟除異己。子貢察覺到田常的野心，便送給田常一把「刀」，並說道：「憂在外者，攻其弱；憂在內者，攻其強。」意即，若田常想剷除異己，最好的辦法就是藉由與強國開戰，將異己者調去作戰，自己趁機篡位。若是攻打弱小的魯國，倘若異己者打了勝仗，反而更難剷除。子貢問：「這把『刀』你要不要？」田常回答：「要。」

②
子貢遊說吳國伐齊，目的是在送給齊國大臣田常一把「刀」的同時，也是送給吳王夫差另一把「刀」。子貢對吳王夫差說若齊攻下魯，實力將變得更強大，隨後便會伐吳。你我聯盟伐齊，則你將變得更加強大，便能和最強的晉國相抗衡。子貢問：「這把『刀』可以讓吳國的實力大增，你要不要？」夫差說：「要。」

③
子貢送出去兩把「刀」，第三把則送給越國，解除夫差的後顧之憂，也對越國自身有利。

④
子貢遊說晉國，是考量到吳國伐齊成功後會要脅魯國，於是和晉定公說，吳伐齊若成功，勢力將大增，必定伐晉。這是子貢送出的第四把「刀」。

如何破解「借刀殺人」之計？

「借刀殺人」這一計謀，往往牽涉到三個或更多角色之間的利益關係。因此，行動前必須三思而後行，徹底掌握對手的情況，了解對手背後的利益關係。

「損己利人」有時是必要的選擇。很多時候，該捨則捨，因為這個世界的基本法則就是：先捨後得，得後有捨。該捨時不捨，就違反了規律。

江湖險惡，我們雖不害人，但防人之心不可無。保持終身學習的習慣，透過學習提升自己的判斷力，增強承受風險的意識與技能。

04 以逸待勞

勝戰計

原文

困敵之勢，不以戰；損剛益柔。

按語： 此即制敵之法也。兵書云：「凡先處戰地而待敵者佚，後處戰地而趨戰者勞。故善戰者，致人而不致於人。」兵書論敵，此為論勢，則其旨非擇地以待敵，而在以簡馭繁，以不變應變，以小變應大變，以不動應動，以小動應大動，以樞應環也。如：管仲寓軍令於內政，實而備之；孫臏於馬陵道伏擊龐涓；李牧守雁門，久而不戰，而實備之，戰而大破匈奴。

譯文

敵人陷入困境時，我方不一定要直接進攻，也可以運用《易經》中「損剛益柔」的原理，逐步削弱對方實力，讓敵人由強轉弱。

按語： 這便是調動敵人的方法。正如兵書所言：凡是先一步占據有利地形、從容等待敵人的軍隊，是握有主動權且較有餘裕的一方；而後到戰場、倉促應戰的一方，則處於被動與疲勞的劣勢。因此，善於指揮作戰之人，必定能設法調動敵軍，而非讓己方被動地陷入敵方的掌控。

傳統兵法講求的是如何與敵軍作戰，然而此處強調的則是如何順應時勢、掌握主動權，進而駕馭戰爭局勢。本篇的主旨並非單純強調選擇地利、以逸待勞地等待敵人，而是以簡單應對複雜、以靜制動、以小變應對大變、以局部牽制全局。例如，以不變應萬變的穩定策略，對抗敵軍千變萬化的戰術；以小規模的調動牽制敵人大規模的進攻；甚至在關鍵節點上發動突襲，以撼動整體局勢。

管仲將軍隊部署於國境以內，做好戰爭準備，處於有利地位，以逸待勞；孫臏在馬陵道設下埋伏，大破龐涓；李牧長期在雁門關堅守不出，表面按兵不動，實則暗中積蓄實力，待條件成熟時，一舉出擊，大敗匈奴。

啟示

《孫子兵法·軍爭篇》中說道：「以近待遠，以佚待勞，以飽待饑，此治力者也。」意思是，搶先一步占據戰略要地，處於有利地形，以從容之姿等待遠道而來的敵軍；以精神飽滿的軍隊對抗疲憊至極且饑腸轆轆的敵軍。先一步抵達戰場，便掌握了戰爭的主動權；而後到者，往往因應對倉促，只能被動應戰，喪失先機。

「損剛益柔」出自《易經·損卦》，所謂「剛」與「柔」，是性質上的對比，也是相互轉化的關係：剛中有柔，柔中帶剛，兩者既對立又相互統一。《孫子兵法》便提到：能打則打，不能打則撤退。而當有機會進攻時，又該如何打？答案是：可以以柔克剛。當面對強大的敵人時，敵方為剛，我方為柔，若正面硬碰硬不具優勢，則不必貿然衝突，可以採用「柔」的方式，從戰略層面拖垮敵人，讓其處於疲憊不堪的狀態，逐漸削弱原本的剛強，從而掌握戰爭主動權。

總結： 以逸待勞之計的前提在於主動部署與謀畫，其次在於看準時機，更重要的是，必須具備全局觀，不可盲目使用。

「以逸待勞」是指把握戰場的主動權，讓敵人陷入疲憊、看準時機並克敵制勝。

41
下兌上艮 山澤損
損卦

A ← 兩軍對峙爭的是─主動權 → B

✗ A ← 直接對戰 → B

✓ 比拚速度，搶奪有利位置

✓ A ————————————— B
使敵疲憊

相互轉化 剛 柔 對立統一

A國
A國的力量在衰減

B國
B國的力量正在匯集

如何破解「以逸待勞」之計？

遇到問題時，硬碰硬往往不會有好結果。可以換個方式：使對方疲憊、使對方無法思考或是讓對方陷入被動，藉此將主動權掌握在手中。

現實生活的競爭博弈中，要做好知彼的工作、要有警覺性，根據對方的變化而調整對策。想消耗對方精力的同時，對方也同樣想消耗你的體力。

日常生活與工作中難免會遇到強大的對手，對手越弱小，越要保持警惕，防止對方消耗你的實力；面對強大的對手，能打則打，不能打則避。

勝戰計

05 趁火打劫

原文

敵之害大，就勢取利，剛決柔也。

按語： 敵害在內，則劫其地；敵害在外，則劫其民；內外交害，則劫其國。如越王乘吳國內蟹稻不遺種而謀攻之，後卒乘吳北會諸侯於黃池之際，國內空虛，因而搗之，大獲全勝。

譯文

當敵人陷入危難時，應當果斷行動，趁此機會奪取利益，這是根據《易經・夬卦》中的卦辭「剛決柔也」一語中所悟出的道理。

按語： 當敵國出現內憂，便應迅速出兵占領其領土；當敵國有外患，便可乘機分化其百姓；若敵國同時面臨內憂與外患，便可伺機出擊，進而攫取整個國家。例如，越王勾踐趁吳國遭受嚴重旱災，連螃蟹與水稻都乾枯而死，國內一片混亂，百姓怨聲四起。勾踐認為時機漸至，遂暗中籌謀，準備發動進攻。當吳王北上前往黃池與諸侯會見，其國內兵力空虛之際，勾踐果斷出兵，一舉攻破吳國，最終取得了巨大的勝利。

啟示

此計的精髓在於能夠敏銳地識別並適時利用對手最為脆弱的時刻，以達成自身利益或戰略目標。然而，《易經》中的第四十三卦〈夬卦〉，〈象〉曰：「夬，決也，剛決柔也。健而說，決而和，揚於王庭，柔乘五剛也。」提醒我們面臨重大抉擇時，必須保持適中，避免過於剛硬或激烈，以免造成不必要的對立局勢。

在現代決策中，我們除了要保持敏銳的洞察力，也要有冷靜的頭腦和適度的行動。把握機會實施決策時，應該堅守原則與長遠目標，不被一時的困難或外在誘惑所動搖。同時，也要尊重並傾聽他人意見，以確保決策的全面性與可執行性。

透過結合《易經・夬卦》的指導，我們可以將「趁火打劫」轉化為一種深思熟慮的決策藝術，不僅能有效掌握機遇，也能維護人際之間的和諧與個人的原則。

 總結： 利用對手的危機時刻，掌握時機，並以果斷而適度的行動來實現自身戰略目的。

「趁火打劫」是利用敵人內部的混亂和矛盾，從中獲取利益的計謀。

「趁火打劫」的另一個面向——在混亂和危機中尋找機會，利用敏銳的洞察力把握時機。

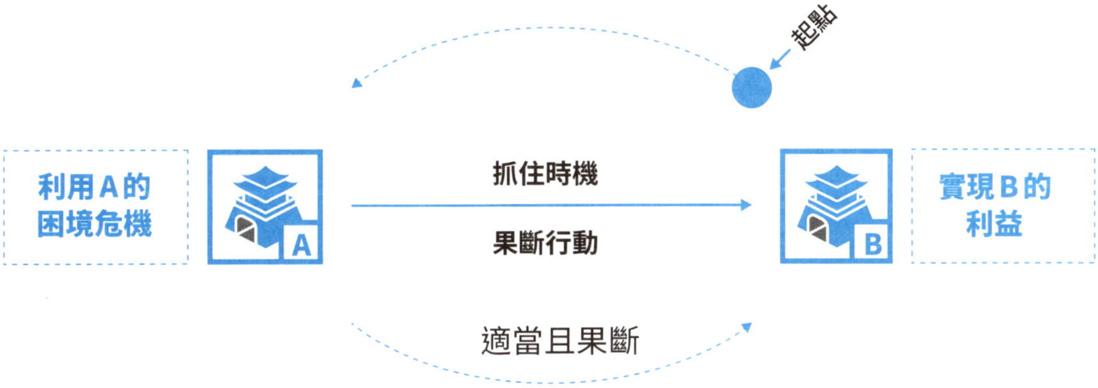

起點

利用A的困境危機  抓住時機 果斷行動  實現B的利益

適當且果斷

透過果斷的決策力快速行動

「趁火打劫」之計的前提條件

1
知彼：在《孫子兵法》中，作戰前的謀畫往往始於廟堂之上，其中一項關鍵就是全面分析對手的優勢、劣勢與需求，進行整體評估與深入了解。

2
知己：全面評估自身優勢與劣勢。在「趁火打劫」這一計謀中，要客觀地認識自身實力，了解自身的長處與短處，這是成功執行此計謀的必要前提。

3
時機：能夠及時洞察對方的破綻或困境，這便是《孫子兵法》中所提到的「先為不可勝，以待敵之可勝。」機會來了，就要迅速反應。

4
底線：此計存在道德層面的風險，有損於實施方的長遠發展，容易造成內部及外部的尊重與信任危機。

如何破解「趁火打劫」之計？

「知彼知己，百戰不殆。」顛覆某個行業的往往是這個行業之外的企業，所以很難鎖定真正的對手。因此不妨大膽假設，做好預防工作。

生活與工作中，害人之心不可有，防人之心不可無。防範意識可以幫助我們預見可能發生的危機，降低被「趁火打劫」的風險。

「先為不可勝，以待敵之可勝。」人生是場賭局，無論何時，都不要短視近利，要以能長期發展作為目標。簡單來說，就是不要貪心。

13

06 聲東擊西

勝戰計

原文

敵志亂萃，不虞，坤下兌上之象，利其不自主而取之。

按語：西漢，七國反，周亞夫堅壁不戰。吳兵奔壁之東南陬，亞夫便備西北；已而吳王精兵果攻西北，遂不得入。此敵志不亂，能自主也。漢末，朱雋圍黃巾於宛，張圍結壘，起土山以臨城內，鳴鼓攻其西南，黃巾悉眾赴之。雋自將精兵五千，掩其東北，遂乘虛而入。此敵志亂萃，不虞也。然則聲東擊西之策，須視敵志亂否為定。亂，則勝；不亂，將自取敗亡，險策也。

譯文

當敵方心志慌亂，無法正確預判戰局的變化與未來的情況，亦無力應對複雜多變的局勢時，整體就如同《易經》中「坤下兌上」卦象，即敵方的心志渙散、毫無凝聚力，如同一盤散沙。此時，正是我方果斷出擊，乘機消滅敵軍的良機。

按語：西漢時期爆發「七國之亂」，當時七國聯軍叛變，情勢緊張。漢將周亞夫採取堅守壁壘、不出戰的策略。吳王派兵從壁壘的東南角發起進攻，周亞夫反而加強西北面的防備；不久後，吳王精銳部隊果真從西北發起進攻，卻因周亞夫的軍隊早有準備，始終無法攻入。這說明敵方主力雖然被調動，但其心志未亂，戰力尚存，仍能夠有序作戰。

漢朝末年，朱雋圍攻宛城的黃巾軍時，築起土山以監視城內的軍隊，隨後於西南面敲鼓發起攻擊，黃巾軍傾巢而出前往應戰；朱雋再親自率領五千精銳部隊，從東北面發動突襲，趁敵軍空虛之際一舉攻破城池。這是因為黃巾軍主力被成功調離、陣勢混亂，無法應對突發狀況。

「聲東擊西」雖為兵法中的經典戰術，但其成功與否的關鍵，在於敵方主力是否被打亂。若敵方主力被成功調離，自然可趁機取勝；若敵軍未中計，主力仍舊穩固且有秩序，我方貿然行動反而會自取失敗。因此，此計乃是冒險的策略。

啟示

《易經・萃卦》中〈象〉曰：「乃亂乃萃，其志亂也。」意思是一會兒散亂、一會兒聚合，此處用以比喻敵方軍心渙散時，正是可乘之機，應當把握此機會將敵方一舉拿下。《孫子兵法》亦曰：「兵者，詭道也。故能而示之不能，用而示之不用，近而示之遠，遠而示之近。利而誘之，亂而取之，實而備之，強而避之，怒而撓之，卑而驕之，佚而勞之，親而離之。攻其無備，出其不意。」

聲東擊西是一種「忽東忽西、神出鬼沒」的戰術，其本質在於透過製造假象與混淆視聽，使敵人無法判斷我方的意圖，進而無法精準掌握我方的真正行動，從而達到出其不意的效果。戰場上，一旦敵方亂了陣腳，我方便有機會掌握主動權，正如《孫子兵法》所強調的——「致人而不致於人」，即我方必須主導局勢，而非受制於敵人。

總結：聲東擊西是一種靈活運用「變化」的思維模式，應用到日常生活中時，代表不讓自身拘泥於某一種固定的思維方式。

「聲東擊西」是製造假象，引誘敵人做出錯誤判斷，然後乘機殲敵的計謀。

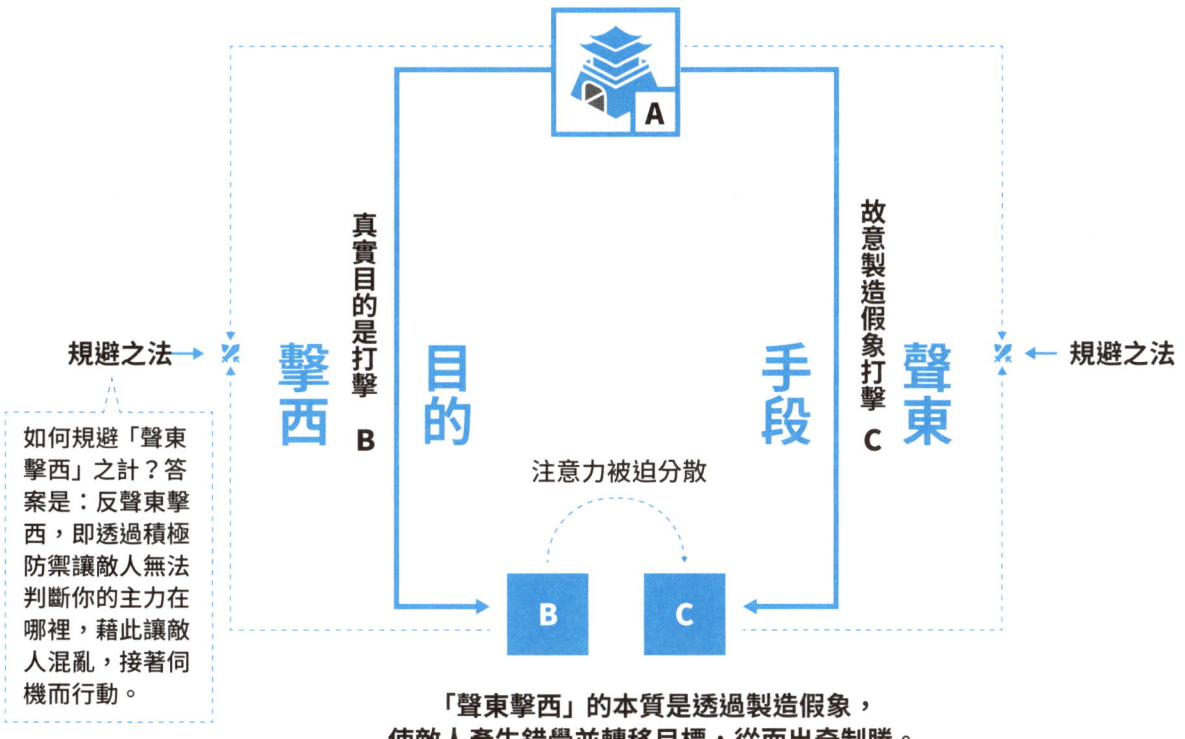

如何破解「聲東擊西」之計？

反擊之法：「反聲東擊西」，即在敵軍進攻的多個方向上採取積極的防禦措施，使其無法判斷、無法集中力量進攻。

時刻保持警惕，持續觀察敵人。即使敵人採取聲東擊西的戰術，也可以及時發現並採取應對措施。

《孫子兵法》曰：「此兵之要，三軍之所恃而動也。」說的便是「用間」，我方應該利用各種手段獲取敵人的情報，以便更準確地預測敵人的行動。

07 無中生有

敵戰計

原文

誑也，非誑也，實其所誑也。少陰、太陰、太陽。

按語：無而示有，誑也。誑不可久而易覺，故無不可以終無。無中生有，則由誑而真，由虛而實矣，無不可以敗敵，生有則敗敵矣，如令狐潮圍雍丘，張巡縛蒿為人千餘，披黑衣，夜縋城下；潮兵爭射之，得箭數十萬。其後復夜縋人，潮兵笑，不設備，乃以死士五百砍潮營，焚壘幕，追奔十餘里。

譯文

用假象迷惑敵方，並非都是虛無的欺騙，而是透過某些手段讓對方誤以為我方呈現的是假象，進而產生錯誤決策。可以先以小規模假象試探敵人反應，再逐步升級為大規模假象，使敵人信以為真，最終將虛假偽裝轉化為他們心中的「真相」。

按語：把本來不存在的東西說成存在，就是戰爭中的欺敵之道。然而，單純的欺騙終究難以長久，容易被識破，因為不存在的東西不可能始終不存在。無中生有，便是從虛假的假象演變為實質的行動與效果，從而由空虛轉變為真實。憑虛無之物無法打敗敵人，但若能將虛轉為實，便有可能戰勝敵人。

例如，唐朝的令狐潮圍攻雍丘，城內守將張巡命令手下製作一千多個草人，披上黑色衣物，夜裡用繩索將草人垂降至城下，令狐潮的士兵誤以為是真人，爭著射箭，結果張巡成功收集了幾十萬支箭矢。之後，張巡故技重施，但這次繩索垂降的是真人，夜裡將用繩索放人下城，令狐潮的士兵以為又是草人，輕視而不加防備。張巡選派的五百名敢死士兵突襲令狐潮的軍營，成功燒毀營寨的帳篷，並將敵軍部隊追殺到十多里之外。

啟示

本篇所論為「敵戰計」，與「勝戰計」不同的是，此處的六種計策傾向用於與敵人面對面直接對抗的情境。而「勝戰計」則是在我方處於絕對優勢（即敵弱我強）的情況下，可實施的計策。

「無中生有，有中生無」源自於道家對事物發展與轉化的樸素辯證觀。《道德經》中有言「天下萬物生於有，有生於無。」此句揭示了萬物在「有」與「無」之間不斷循環往復，象徵著生生不息的自然運行。《孫子兵法・虛實篇》中提到的「避實擊虛」，便是由此延伸而來。所謂「無中生有」，實質上是種虛虛實實、真真假假的戰術運用，藉由創造各種假象來掩蓋真正的意圖與行動，使敵人無法分辨虛實、陷入迷惑之中，從而為我方創造出可乘之機。其精髓在於利用敵方的心理弱點（例如：對方內心在顧慮什麼？擔憂什麼？）以及資訊不對稱所帶來的優勢（即敵人掌握我方的情報少於我方掌握敵方的情報量），藉由主動製造混淆與干擾，使敵人做出錯誤的判斷，進而出其不意地打擊敵人。

總結：日常生活中要保持理性客觀，提高辨別真假資訊的能力，方能避免被「無中生有」的陷阱所矇騙。

「無中生有」是由假變真，由虛變實，以各種假象掩蓋真相，造成敵人的錯覺的計謀。

「無中生有」邏輯步驟

「無中生有」的邏輯在於透過巧妙地創造假象與機會，
使敵方產生誤判和誤解，從而在敵方沒有準備的情況下打擊其弱點，達到克敵制勝的目的。

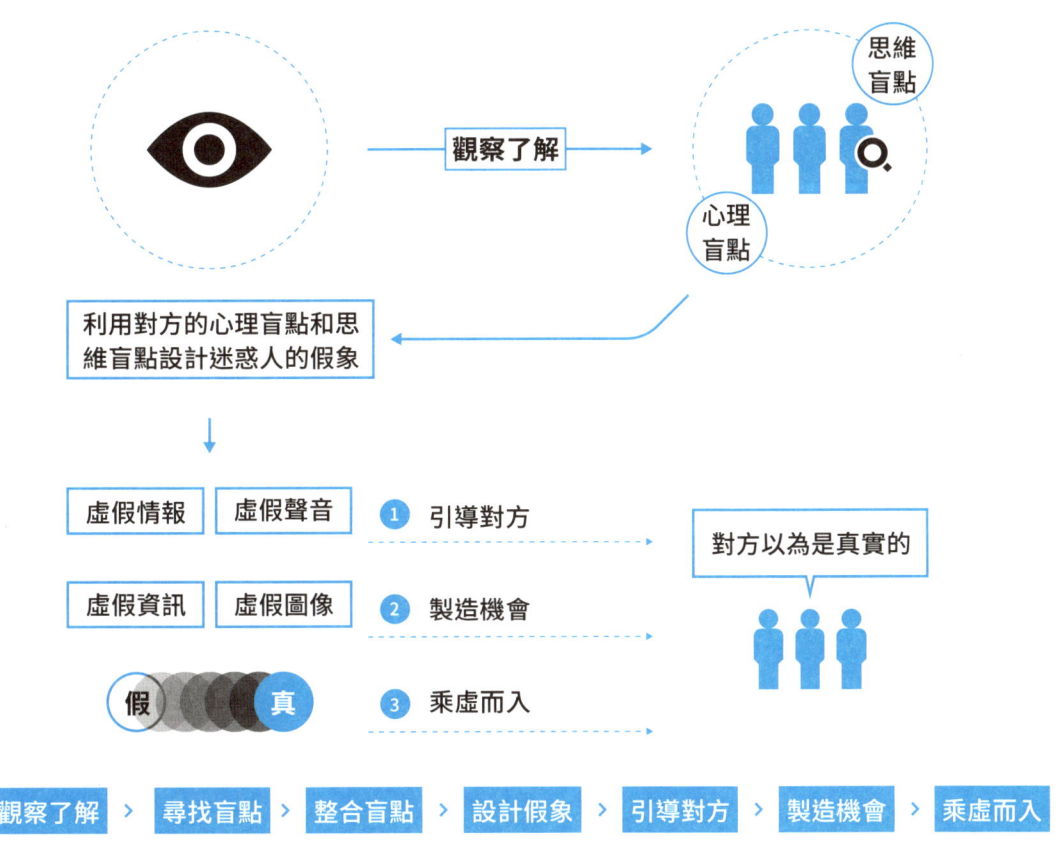

如何破解「無中生有」之計？

客觀理性：學習了這麼多思維模型後，我希望讀者在面對問題時，能以客觀理性的態度看待事物。當你感到憤怒時，或許那是刻意擾亂你思緒的陷阱。

追本溯源：遇到問題要追本溯源、找出原因，我在很多思維模型中也提到過這點。一切外在都只是表象，必須看透它並主動尋找事物的本質。

大膽假設：遇到問題，先假設，後求證。假設你是對的，透過客觀的「實驗」、資料蒐集與分析，來驗證假設，從而判斷其真偽。

08 暗度陳倉

敵戰計

原文

示之以動，利其靜而有主，益動而巽。

按語： 奇出於正，無正則不能出奇。不明修棧道，則不能暗度陳倉。昔鄧艾屯白水之北，姜維遣廖化屯白水之南，而結營焉。艾謂諸將曰：「維令卒還，吾軍少，法當來渡而不作橋，此維使化持我，令不得還。必自東襲取洮城矣。」艾即夜潛軍，徑到洮城。維果來渡。而艾先至，據城，得以不破。此則是姜維不善用暗度陳倉之計，而鄧艾察知其聲東擊西之謀也。

譯文

公開地暴露某些行動，製造假象來迷惑敵人，以牽制住敵方的注意力。當敵方處於鬆懈狀態時，我方需要盡快制定並執行作戰策略，如《易經》中的〈益卦〉所言，明處與暗處的行動都要配合得當，才能出其不意、乘虛而入，達到出奇制勝的效果。

按語：「奇」與「正」在軍事謀略中是對立又統一的概念，兩者相輔相成、互相依賴，沒有「正」就沒有「奇」，沒有「奇」也就沒有「正」。奇兵是從正兵中分化而出，沒有正兵也就沒有奇兵。例如，若不公開修築棧道讓敵人知曉，就無法掩護實際上暗中從陳倉渡河的行動。三國時期曹魏的鄧艾，駐軍在白水北岸，蜀漢的姜維派廖化於白水南岸紮下軍營。鄧艾對部下說：「姜維命令士兵撤退，我軍人數少，按常理他們應該直接渡河而不是特地架橋，這是姜維讓廖化牽制我們的注意力，使我們不能回防，姜維肯定會從東方襲取洮城。」於是，鄧艾當夜即祕密行軍，搶先抵達洮城。姜維果然正率軍渡河而來，洮城卻被鄧艾搶先到達並堅守，因此無功而返。這場戰事說明，姜維未能高明地運用「暗度陳倉」的計策，相反地，鄧艾憑藉細緻的觀察與敏銳的判斷力，識破姜維聲東擊西的計謀。

啟示

本篇利用「動」與「靜」的對立與統一關係，說明「暗度陳倉」之計。《易經·益卦》中〈象〉寫道：「*益動而巽，日進無疆。*」益卦的上卦為風，象徵順從而無形、無聲，屬於「靜」；下卦為雷，象徵迅猛而激烈，屬於「動」。風順而靜，雷震而動，這種上下對立卻又相互融合的卦象，正是動靜之間互為作用的寫照。

本篇即是以動態（如雷震，即在明處故意做出顯著的行動，目的在於吸引與牽制敵方注意力）致使對方處於靜態（被我方的「明動」所困），讓對方陷入靜止與被動。此時，我方於暗中實施真正的行動，「暗動」如風，無孔不入，趁敵人鬆懈、防備薄弱之際，出奇制勝。

簡而言之，「暗度陳倉」戰略的關鍵在於：用明顯的行動吸引對方注意力，以隱蔽的行動出奇制勝。一明一暗，明中有暗，暗中有明，動中有靜，靜中有動。由此可見，靜並不代表完全不動。正如《孫子兵法·兵勢篇》中所說：「*凡戰者，以正合，以奇勝。*」以正牽制敵人，再用奇來制勝。

總結： 在生活與工作中，亦須善用「奇正相生」的思維模式，只有充分了解對方的具體情況，才能制定出有效的「策略與行動」。

「明修棧道，暗度陳倉」，是運用奇正的計謀。

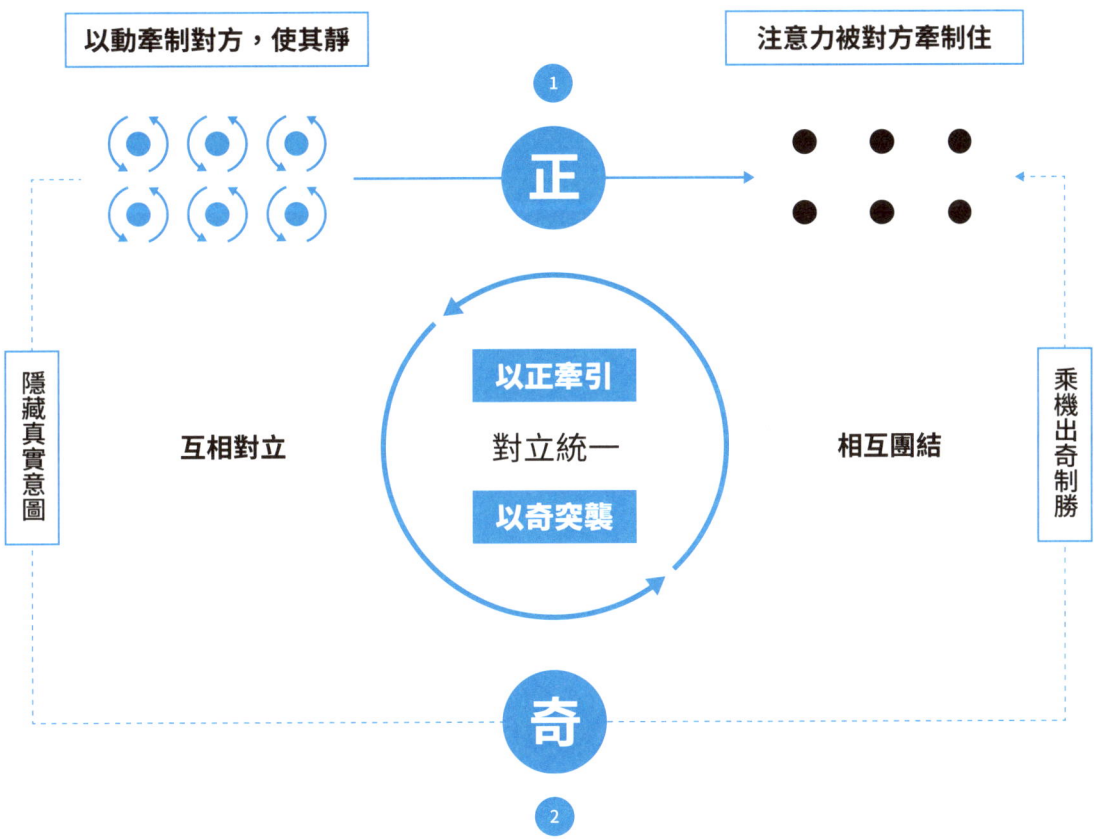

如何破解「暗度陳倉」之計？

「動」的吸引力遠高於靜態的畫面，比如影片便是利用人性中對「動態」的注意力。遇「動」時，不妨多留意一下自己的注意力。

透過蒐集情報及資料分析，也就是「用間」與「知彼」，可以更清晰地判斷對方的真實意圖。

暗度陳倉的關鍵在「暗」字上，暗箭難防，因此單有「防人之心不可無」的念頭是不夠的。要真正避免被暗算，關鍵便在於將防備之心具體落實在行動上，也就是時時刻刻保持警覺。

09 隔岸觀火

敵戰計

原文

陽乖序亂，陰以待逆。暴戾恣睢，其勢自斃。順以動豫，豫順以動。

按語： 乖氣浮張，逼則受擊，退則遠之，則亂自起。昔袁尚、袁熙奔遼東，眾尚有數千騎。初，遼東太守公孫康恃遠不服。及曹操破烏丸，或說操逐征之，尚兄弟可擒也。操曰：「吾方使康斬送尚、熙首來，不煩兵矣。」九月，操引兵自柳城還，康即斬尚、熙，傳其首。諸將問其故，操曰：「彼素畏尚等，吾急之，則並力；緩之，則相圖，其勢然也。」或曰：此兵書火攻之道也，按兵書〈火攻篇〉前段言火攻之法，後段言慎動之理，與「隔岸觀火」之意亦相吻合。

譯文

當對方內部出現混亂、紀律鬆弛而無序時，我方應保持冷靜，靜觀其變，耐心等待最佳時機。若對方殘暴兇狠、胡作非為，其力量必將因內部混亂而逐漸耗盡。如《易經》中〈豫卦〉所言，應該順時勢而動，並保持謹慎節制。

按語： 當敵方內部矛盾加劇時，我方若急於進逼，必招致敵人的反擊；反之，若能從容應對、靜以觀變，暫時退避遠離他們，對方內部必定會因此陷入混亂。

歷史上便有類似的案例：東漢末年，袁尚、袁熙兵敗逃往遼東，手下還有數千騎兵。起初，遼東太守公孫康仗著地處偏遠、距離遙遠而不服從曹操的命令。後來曹操打敗烏丸，有人建議曹操乘勝討伐公孫康，藉此擒獲袁尚、袁熙兄弟。曹操卻說：「他會自己送來袁尚、袁熙首級，不用煩勞我軍。」九月，曹操自柳城撤軍，公孫康果真顧忌袁尚兄弟的勢力會威脅到自身統治，因此主動斬殺他們，並將他們的首級送至曹操面前。此事之後，眾將不解因而請教緣由，曹操說：「公孫康本來就害怕袁尚等人，我若急迫進攻，他反而會與袁尚等人聯合抵抗；我若放緩攻勢，他就會與袁尚等人互相猜疑，這是客觀下必然的趨勢。」或曰：這正是《孫子兵法‧火攻篇》所闡述的道理，〈火攻篇〉前段說的是火攻的方法，後段則強調在特定情況下謹慎用兵、審時度勢，這與「隔岸觀火」的計謀是相互吻合的。

啟示

《易經‧豫卦》中〈彖〉曰：「豫，剛應而志行，順以動，豫。豫順以動……」意思是順應時勢，應時而動。天地之道亦是如此，順應時勢，因此日月運行、四季輪替，從不偏離規律。《孫子兵法‧火攻篇》亦曰：「非利不動……合於利而動，不合於利而止。」強調作戰須順應時勢，在合適的時間、地點、人物等各方面具備的情況下，做出合適的行動，審時度勢，伺機而動。不可操之過急，也不可消極怠惰。「隔岸觀火」之計，本質上是一種策略或手段，目的是在處理複雜或危險的情況時，透過保持冷靜、謹慎觀察、等待時機，以避免直接捲入其中，最大幅度減少自身風險，並伺機從中獲取利益。

這個計謀的關鍵在於觀察和深入分析局勢，掌握敵人的動態和弱點，同時了解自身的優勢和機會，以便在最佳的時機採取行動。「隔岸觀火」的核心在於「等待時機」，因此需要冷靜、理智和策略性的思維，並具備敏銳的洞察力和判斷力。

總結： 「先為不可為」是我們一生中必須持續修練的準備工夫，而「以待敵之可勝」則是強調把握機會，一擊制勝的關鍵行動。

「隔岸觀火」是先坐山觀虎鬥，後則看準時機，坐收漁利的計謀。

16
下坤上震 雷地豫
豫卦

B1 → 👥👥👥 ← B2　｜　B1 → 關係疏遠 相互猜忌 自取滅亡 ← B2

則並力　｜　則相圖

吾急攻　｜　吾緩攻

急 Ⓐ　｜　Ⓐ 緩

順勢而為才能讓我方損失最小化

我方若急於進攻，容易促使矛盾雙方的臨時合力抵抗，結果必然對我方不利。「不合於利而止」，若行動不符合我方利益，就應果斷停止行動，靜觀其變。

我方放緩攻勢，彼此矛盾的雙方便會互相猜忌，如公孫康與袁尚兄弟一樣，結果必然自取滅亡。

如何破解「隔岸觀火」之計？

要實現可持續的成長，首先要做到「先為不可勝」。不過，為了避免過於主觀，我們可以學習曾國藩的做法：公開展示成果，廣泛聽取各方回饋和意見，並從中不斷修正、吸收和提升。

凡事若能先從「損失」的角度出發，有助於我們預見潛在風險，及早建立防禦系統和防護機制。如此一來，哪些事該做、哪些不該做，就會自然而然地清晰浮現。

理性、清醒的腦袋是破解「隔岸觀火」之計的基礎，千萬不能讓情緒左右你的思考。切記！

10 笑裡藏刀

敵戰計

原文

信而安之,陰以圖之,備而後動,勿使有變。剛中柔外也。

按語： 兵書云：「辭卑而益備者,進也……無約而請和者,謀也。」故凡敵人之巧言令色,皆殺機之外露也。宋曹瑋知渭州,號令明肅,西夏人憚之。一日瑋方對客弈棋,會有叛卒數千,亡奔夏境。堠騎報至,諸將相顧失色,公言笑如平時。徐謂騎曰：「吾命也,汝勿顯言。」西夏人聞之,以為襲己,盡殺之。此臨機應變之用也。若勾踐之事夫差,則意使其久而安之矣。

譯文

表面上要做到使對方信任,並進一步讓其心中安定無憂（安心則易於喪失警惕）；而暗地裡另有所圖,事先做好充分準備,待時機成熟再行動,務必謹慎小心,不可露出破綻,以免產生變故。這項原則是從《易經‧兌卦》中所領悟而來的道理,意味著以柔順的外表示人,實則內心剛毅堅定。

按語： 兵書上說：「言辭謙卑卻暗中備戰的,是進攻的徵兆；未曾締結盟約卻主動請求和解的,必定另有圖謀。」因此,凡是敵人以甜言蜜語示好、以偽善外表示人的情況,都可能是暗藏殺機的假象。宋朝名將曹瑋擔任渭州知州時,號令嚴明,軍紀肅然,令西夏人非常害怕他。有一天,曹瑋正與客人對弈下棋,忽然傳來急報,有數千名叛軍逃奔至西夏境內。偵察兵前來稟報,眾將領都大驚失色,而曹瑋卻神色自若,談笑自如,並從容向偵察兵說道：「這是我的命令,不可張揚。」西夏人得知此訊後,以為曹瑋派兵偷襲部隊,便將那些叛軍全部誅殺。這是曹瑋隨機應變、以靜制動的表現。又如春秋時期勾踐侍奉吳王夫差,表面上卑恭屈膝,實則暗中蓄積力量,是想讓夫差慢慢放下戒心,失去警覺,最終達成復國雪恥之志。

啟示

本篇依然以陰陽思維作為「笑裡藏刀」計謀的底層邏輯,這種樸素的辯證思維可以讓我們從「對立統一」與「相互轉化」的關係中理解問題。具體而言,在「信而安」的關係中,「信」是手段,「安」是目的,這符合人性的本質。為什麼信任會產生安全感？因為信任能夠幫助人類對未知的人事物產生確定的感受,減少焦慮與不安。然而,信任的產生很容易受主觀因素的影響,這些因素包括個人的性格特徵、過去的經驗、所處的生存環境以及文化背景等。因此,利用「信」作為手段或計謀,使對方產生安全感,可以被廣泛應用在很多行業之中。

「笑裡藏刀」之計,關鍵在於「笑」,即以信任作為偽裝,製造出溫和無害的假象迷惑對方,但在這層溫柔的外衣之下,卻潛藏著極度危險的另一種存在：一把冷血無情的刀。

總結： 「見相非相,即見如來」,能夠超越表象、洞察本質者,方能見到真理。能做到不著相、不執著,非常困難,因為這違反人性,因此,能夠真正「見如來」者,始終只有少數人。

「笑裡藏刀」是利用柔善的表面，
使人放鬆警惕、疏於防備，內裡卻暗藏殺機的計謀。

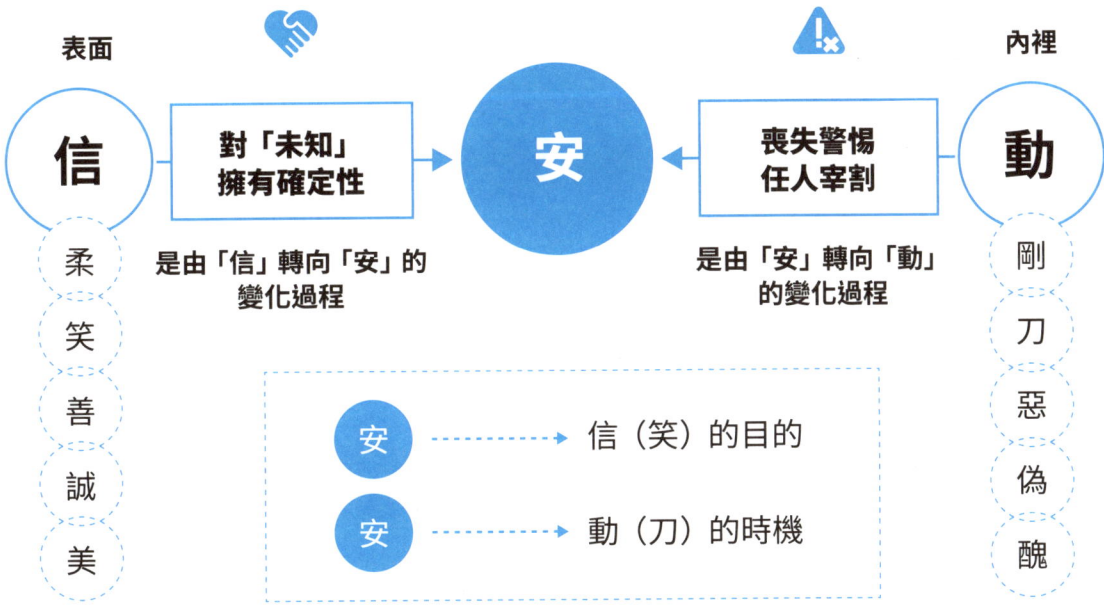

如何破解「笑裡藏刀」之計？

「眼、耳、鼻、舌、身、意」這六根是人釋放本性的通道。透過調整這六根的運用，我們可以減少對世間欲望的執著。

要注意：《三十六計》皆是以人性作為切入點。人非聖賢，人有各式各樣的缺點，因此更要終身學習，不斷改善自身的缺陷。

俗話說「知人知面不知心」，這提醒我們，在與人交往時，必須主動審視自己對他人的判斷是否客觀，是否符合普遍的認知標準。同時，也要警惕那些表面上看似正常，實則心術不正的「偽君子」。

23

敵戰計

11 李代桃僵

原文

勢必有損，損陰以益陽。

按語：我敵之情，各有長短。戰爭之事，難得全勝。而勝負之訣，即在長短之相較；而長短之相較，乃有以短勝長之祕訣。如以下駟敵上駟，以上駟敵中駟，以中駟敵下駟之類，則誠兵家獨具之詭謀，非常理之可測也。

譯文

形勢的發展必然會伴隨著某種程度的損失。這裡的損失，主要是指透過損失「陰」，來增強「陽」的力量。（這裡所說的「陰」與「陽」，指的是少數與多數，即犧牲少數，以保障多數，正如「棄卒保帥」的道理）。

按語：敵我雙方各有優劣長短。戰爭本就難以做到毫無損失的「全勝」，真正決定勝負的關鍵，往往在於雙方如何運用各自的優勢與劣勢進行較量。因此，也才有了「以短制長」、「以弱勝強」的致勝祕訣。例如：以自己的下等馬匹去牽制敵方的上等馬匹，以自己的上等馬匹去對抗敵方的中等馬匹，再以中等馬匹去對抗下等馬匹，此為兵法中獨特且精妙的策略，不是用常理或表面推斷所能輕易理解的。

啟示

「陰」代表少、奇、虛、面子、自尊、局部等概念，而「陽」則代表多、偶、實、內裡、實力、全局等概念。人生的道理在於有捨才有得，而這個「捨」並不是盲目或無計畫的，而是需要審時度勢、經過深思熟慮後，具備一定前提條件下所作出的取捨決策。「勢必有損」是事物發展的一般規律，存在於軍事、商業以及人際關係中。

軍事上，「勢必有損」意味著要犧牲一些小利益，來獲得更大的勝利；在商業領域中，指企業為了長遠發展，必須以短期的犧牲來獲得長期的收益；而在人際關係中，則是懂得適時的退讓、理解和接受一些小的損失，以維繫更深厚、更穩固的人脈與關係。

「李代桃僵」之計，正是棄卒保帥的策略，在雙方博弈的過程中，透過靈活轉換優劣資源，從而達到全局勝利的目的。這項策略要求我們擁有長遠的眼光和寬廣的胸懷，能夠捨棄眼前的一些利益，以換取更大的成功。

總結：此計並非簡單的放棄，而是要有明確的目標和計畫，審時度勢，把握大局，靈活應對，才能取得最終的勝利。

「李代桃僵」是損少益多，棄卒保帥，顧全大局的計謀。

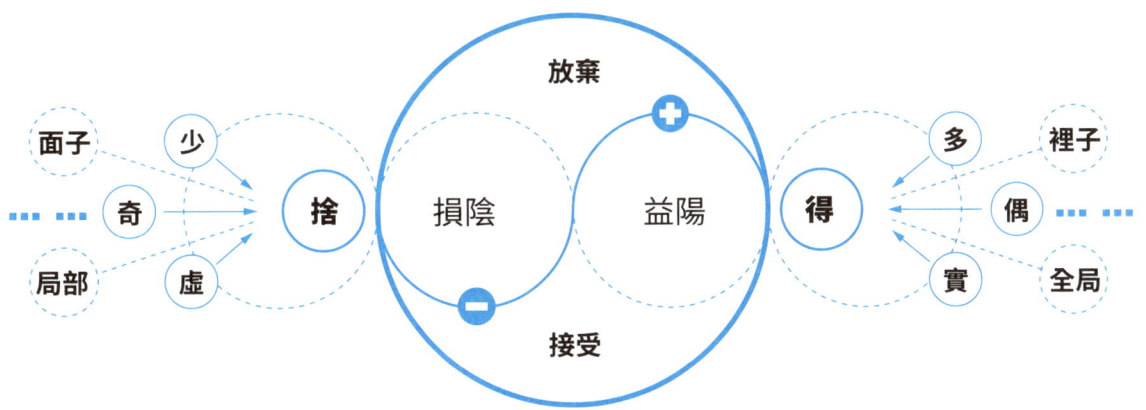

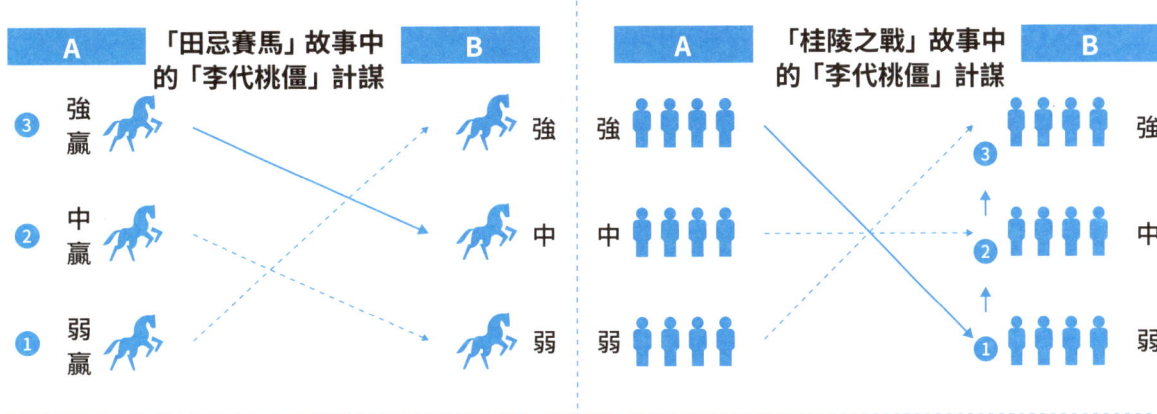

① 「A強」攻打「B弱」
② 「A強」攻打完「B弱」後，聯合「A中」打擊「B中」
③ 「A強」聯合「A中」攻打完「B中」後，聯合「A弱」打擊「B強」

① A弱：B強＝0：1　② A中：B弱＝1：1
③ A強：B中＝2：1

如何破解「李代桃僵」之計？

不貪：面對對方的「捨」，控制自己的欲望，不要貪多，以免陷入對方所設的「李代桃僵」之計，造成損失擴大。

大局思維：「陰」、「陽」的思維方式強調從事物的本質及其內在聯繫去理解萬物。它揭示了世間萬物是如何相互應對、對立統一，以及如何相互轉化。

隨機應變：面對李代桃僵之計時，必須保持靈活，避免陷入僵化或單一的思維模式。應該根據實際情況，即時調整策略，將損失降到最低。

敵戰計

12 順手牽羊

原文：微隙在所必乘，微利在所必得。少陰，少陽。

按語：大軍動處，其隙甚多，乘間取利，不必以戰。勝固可用，敗亦可用。

譯文：必須敏銳地抓住微小的破綻並加以利用，也必須主動爭取微小的利益。將敵人顯露的小破綻轉化為我方的微小勝利，持續累積小勝，逐步削弱敵人。

按語：敵方部隊在行動的過程中，無論部署如何縝密，難免會出現種種間隙和漏洞，只要觀察入微、反應迅速，便可以乘機獲取利益，不一定非要透過大規模作戰或正面衝突來達成。此法不僅可以在我方處於優勢、積極進攻時使用，在失敗或劣勢局面下，同樣可以利用敵方的小漏洞，挽回局部局勢，為後續逆轉創造機會。

啟示：《孫子兵法》強調「先為不可勝，以待敵之可勝；不可勝在己，可勝在敵。」並且指出「立於不敗之地，而不失敵之敗也」，機會難得，即便只是「微隙」，即非常小的破綻，也絕不能輕易放過。因為一旦出現，即有可能成為扭轉局勢的重要契機。

破綻通常不是「因」，而是「果」。錯誤一旦發生，若能誠實承認，問題尚停留在「果」；若不願認錯，則問題便深入至根本的心態與思維層面，那便是「因」的問題了。人非聖賢，孰能無過，有過而不改，自作自受。犯錯本身並非壞事，對犯錯的人來說，這是莫大的「成長」機會。當然，前提條件是承認自己的局限，並有所覺悟與反思。

曾國藩一生遭遇過五次奇恥大辱，每一次挫敗與受辱，他皆能痛定思痛，反省自我，從而屢屢覺醒、突破自限，進而躍升到更高的層次。因此，真正的強者並不是從不犯錯的人，而是能夠從失敗中吸取教訓、不斷進步的人。無論在生活還是工作中，都應保持謙虛與堅韌的態度，勇敢、客觀地面對自己的不足和失敗，而不是無謂的辯解。

 總結：「察其天地，伺其空隙」的智慧在於觀察並分析問題時，精準掌握天時、地利、人和的時機變化，並在對方出現間隙之際，迅速果斷地行動。

「順手牽羊」是遵循客觀規律、洞察細節、發現並利用機會，順勢而為的計謀。

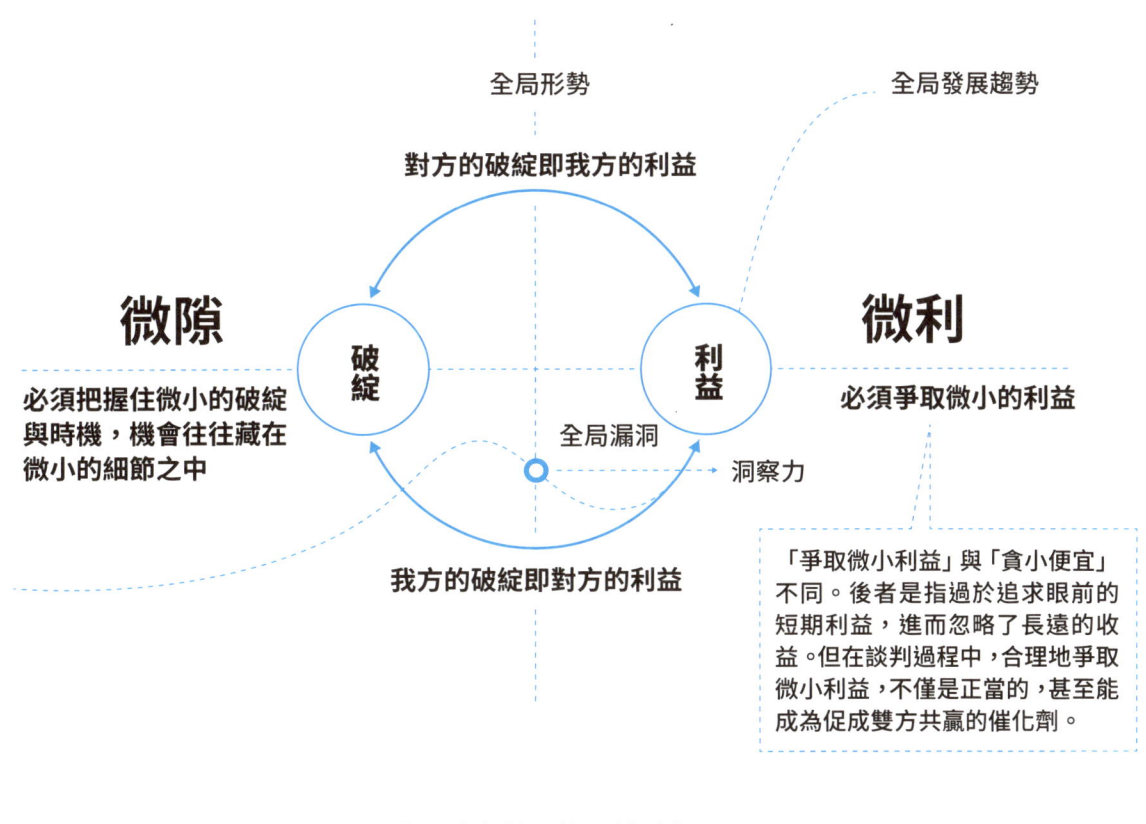

如何破解「順手牽羊」之計？

擁抱遼闊：與其陷入「順手牽羊」之計，不如採取「先為不可勝」的態度，正視自身的問題，成為實事求是、敢於面對並承認自身劣勢的人。

全局視角：全面了解敵我雙方的能力，掌握整體發展趨勢，進而發現全局中的漏洞（如戰略部署的疏漏或對手策略的破綻），並能綜合運用各種內外部資源。

保持開放心態，接納並欣賞來自不同背景的觀點與生活方式。然而在實際應用時，仍須根據實際情況審慎應對，制定適合的策略與措施，以確保個人安全與利益不會受損。

攻戰計

13 打草驚蛇

原文

疑以叩實，察而後動；複者，陰之媒也。

按語： 敵力不露，陰謀深沉，未可輕進，應遍探其鋒。兵書云：「軍旁有險阻、潢井、葭葦、山林、翳薈者，必謹復索之，此伏奸之所藏也。」

譯文

面對可疑情況，務必徹底調查核實，在完全掌握情況後才能採取進一步行動。反覆深入的調查，是揭露隱藏計謀的關鍵手段。

按語： 當對方的實力不明，陰謀深不可測時，千萬不可輕易行動，應該從多個面向詳盡調查對手的實力，探究他們可能隱藏的意圖。正如《孫子兵法》所說：「行軍時，若遇到懸崖峭壁、低窪沼澤、蘆葦叢、茂密樹林或草木繁盛之地，務必小心謹慎並反覆偵察。因為這五種地形都容易被敵人設伏或用來偵察我方動向。」

啟示

本篇有三個值得注意的重點，第一點：面對可疑之處，一定要清楚核實，《孫子兵法》開篇即強調：「兵者，國之大事，死生之地，存亡之道，不可不察也。」在戰場上，任何可疑之處都可能是致命的，必須徹底調查清楚，並且謹慎思考。第二點：察而後動，反覆查看並核實，這裡強調「反覆」是因為「隱藏起來」的計謀往往不是單一的，而是多條線的交織。計謀如天地般無窮，像江河般不竭，並非一眼就能看出來。一般人容易察覺的計謀固然要防範，但那些不容易看破的計謀，則更需要反覆研究、深入思考並確實執行應對方案，才能有效地加以防範。只有在徹底核實清楚後，才能展開下一步行動；在此之前，應該避免任何不必要的動作，以免暴露我方行蹤。第三點：「打草驚蛇」往往是無意識的被動行為，對手一旦察覺到就會加以防範，暴露了我方的位置。然而，當我們有意識地主動運用「打草驚蛇」策略時，目的則是為了驚動對方，使其暴露真實動向。當然，這僅是此策略最基本的應用。

總結： 貪財者，財是其弱點；喜愛瀏覽短影音者，即時享樂是其弱點。找出自己的弱點並實事求是地面對。

「打草驚蛇」是讓對方暴露其意圖的計謀。

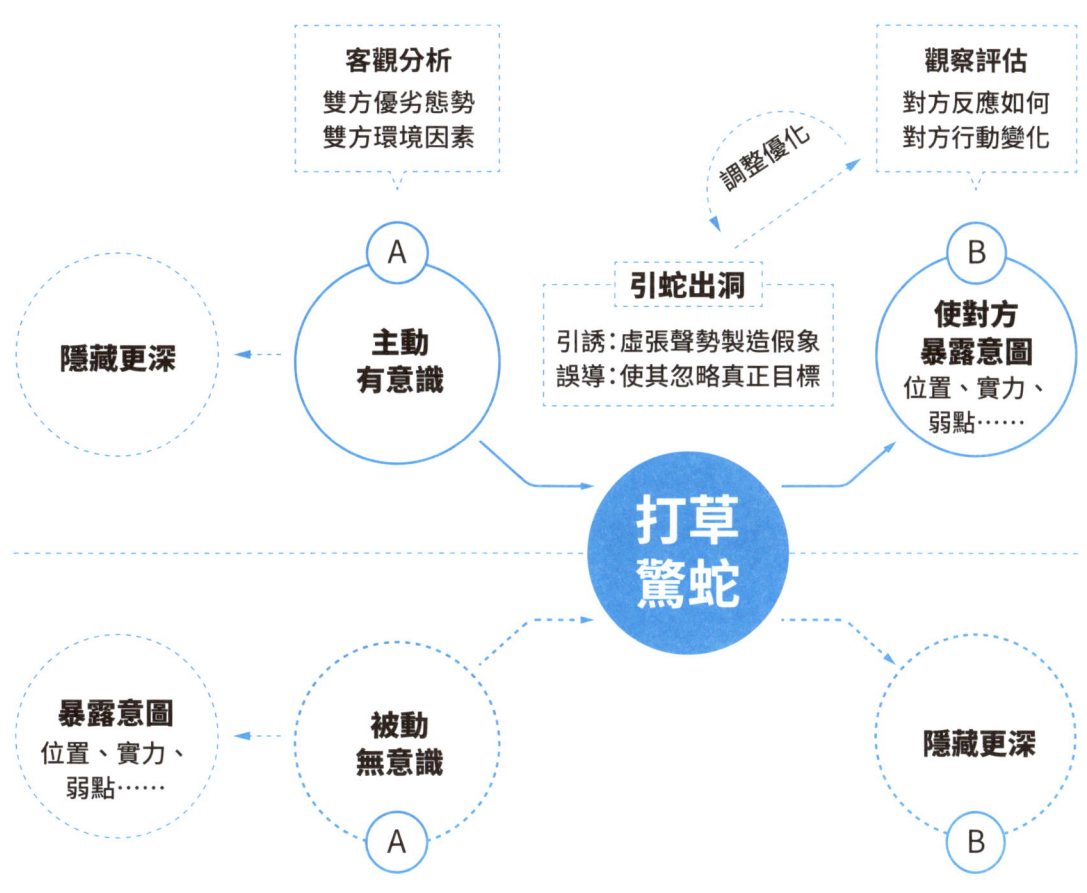

如何破解「打草驚蛇」之計？

謹慎行事：要經常反思職場中的言行舉止，避免因為一時的疏忽大意而暴露自己的目的，做事情一定要三思而後行。

知彼知己：盡可能地蒐集敵人的情報，包括其戰略、戰術等。透過分析情報，來了解敵人的情況。

做事嚴謹本分、腳踏實地、實事求是。俗話說「平生不做虧心事，半夜不怕鬼敲門」，人生在世，但求問心無愧。

攻戰計

14 借屍還魂

原文

　　有用者，不可借；不能用者，求借。借不能用者而用之，匪我求童蒙，童蒙求我。

　按語：換代之際，紛立亡國之後者，固借屍還魂之意也。凡一切寄兵權於人，而代其攻守者，皆此用也。

譯文

　　有才能的人由於難以駕馭，不能為我所用；沒有才能的人因為需要依賴他人、需要靠山，因此可以為我所用。駕馭能為我所用的人，如《易經·蒙卦》所言「蒙昧之人需求助於多謀之人，而不是多謀之人求助於蒙昧之人」的道理。

　按語：改朝換代時，人們紛紛擁立亡國的後代，此為「借屍還魂」之計，即借亡國之後人，使我方出師的理由能更加合理。凡是將兵權交給他人，並讓他人代替自己進攻或防禦的，皆屬於「借屍還魂」之意。

啟示

　　《易經·蒙卦》卦辭曰：「蒙，亨，匪我求童蒙，童蒙求我。」即透過教與學來強調啟蒙教育的原則與一般規律，並非我主動教對方學習，而是對方來求助我如何學習。那麼，「借屍還魂」與〈蒙卦〉有什麼關係呢？「屍」可理解為表面上無意義、無價值或被遺忘的人或事物，即〈蒙卦〉裡所強調的需要啟蒙的愚昧與幼稚之人。這樣的人不起眼，沒有威脅，容易被忽略，因此可以成為最佳的「偽裝道具」。

　　在此，「屍」不僅指人，還可以指那些看似無用的資源，如人力、物力、資訊、傀儡、衰落的王朝等。透過借用這些「屍」，來偽裝我方的意圖，即利用「屍」作為掩護，待對手放鬆警惕時再採取行動。

總結：蒙者，屍也；獨立思考很重要，不僅幫我們掌控自己的命運，還能幫助我們克服過度依賴。

「借屍還魂」是利用「平凡」作為掩護的計謀。

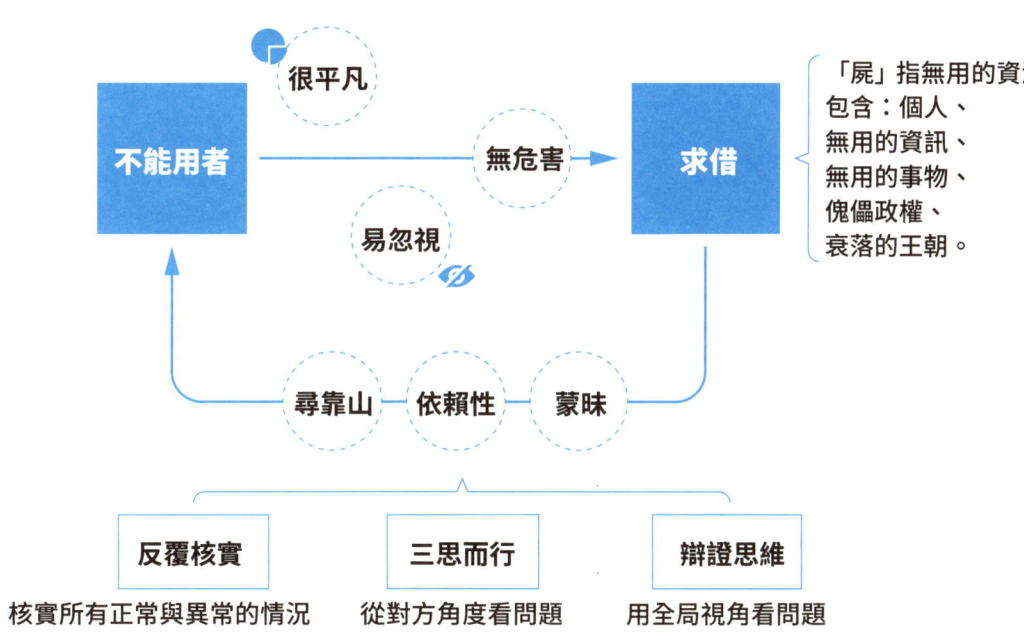

如何破解「借屍還魂」之計？

反覆核實：「借屍還魂」之計是借用看似不起眼的人物或事物作為「掩體」，正如「打草驚蛇」之計所強調的，必須一而再、再而三地查核事實。

三思而行：做出任何重要決策之前，都應該謹慎思考，反覆權衡各種利弊得失，考慮所有可能發生的情境，以及預測各種潛在的後果。

辯證思維：在日常生活與工作中，應不斷鍛鍊與提升自身的辯證思維能力，「正常時思考不正常，不正常時思考正常」，就能靈活應對各種複雜多變的局勢與挑戰。

攻戰計

15 調虎離山

> 待天以困之，用人以誘之，往蹇來連。
>
> **按語：**兵書曰：「下政攻城。」若攻堅，則自取敗亡矣。敵既得地利，則不可爭其地。且敵有主而勢大：有主，則非利不來趨；勢大，則非天人合用不能勝。漢末，羌率眾數千，遮虞詡於陳倉、崤谷。詡即停軍不進，而宣言上書請兵，須到乃發。羌聞之，乃分抄旁縣。詡因其兵散，日夜進道，兼行百餘里，令軍士各作兩灶，日倍增之，羌不敢逼，遂大破之。兵到乃發者，利誘之也；日夜兼進者，用天時以困之也；倍增其灶者，惑之以人事也。

譯文　利用天然的條件（天時、地利）圍困對方，利用人為假象去誘惑對方。如果向前進攻有危險（如同《易經》中的〈蹇卦〉，代表險阻重重），那就想辦法引誘敵人前來，反而能為我方創造有利的戰機。

按語：《孫子兵法》認為攻城是下策，形同自取滅亡。當敵人已占據有利地形時，就不應與其爭奪。若敵人處於優勢且有利可圖，就會做好進攻的準備；若無利可圖，他們不會輕易發動進攻。同樣地，我方若缺乏天時、地利、人和等條件，就無法輕易戰勝敵人。

東漢末年，羌人率領數千人馬在陳倉、崤谷中設伏阻攔。東漢名將虞詡立即下令停止前進，並聲稱將上書請求援軍，待援軍到達後才繼續前進。羌人得知此消息後信以為真，將兵力分散到旁邊各縣搶掠。虞詡抓住這個機會，日夜兼程前進，並命令每支部隊做飯時同時使用兩個灶，同時使灶具的數量每天增加一倍。羌人查看虞詡軍隊使用灶具的痕跡，誤以為大量援軍已經抵達，便不敢逼近虞詡的軍隊。最終虞詡大敗羌人。所謂「兵到乃發」就是使用利誘的方法將敵軍調開；所謂「日夜兼進」是爭取時間、出其不意，置敵於困境；所謂「倍增其灶」是人為製造援軍陸續趕到的假象來迷惑敵人。

啟示　《易經·蹇卦》六四爻的爻辭曰：「往蹇，來連。」〈象〉曰：「往蹇來連，當位實也。」意味著繼續前行會遇到艱難，所以應該要反覆往返，才能逢凶化吉。《孫子兵法》則說：「上兵伐謀，其次伐交，其次伐兵，其下攻城。」按語中也引用了這段文字。

「調虎離山」以「虎」來比喻敵人，「山林」這種天然地形條件對老虎而言十分有利，對我方則相當不利。因此，當敵人已經占據了有利的地形，我方強攻必然受挫，如同〈蹇卦〉的情況，此時不應繼續前進，應想方設法將「老虎」調離有利的地勢。「調虎離山」之計的本質就是利用人為製造的假象（策略）調動對手，使其遠離有利的地勢，將主動化為被動，從而讓我方趁機發起攻擊。

總結：清楚了解自己的優勢和弱點，利用優勢來應對敵人，同時也要避免被敵人發現並利用自己的弱點。

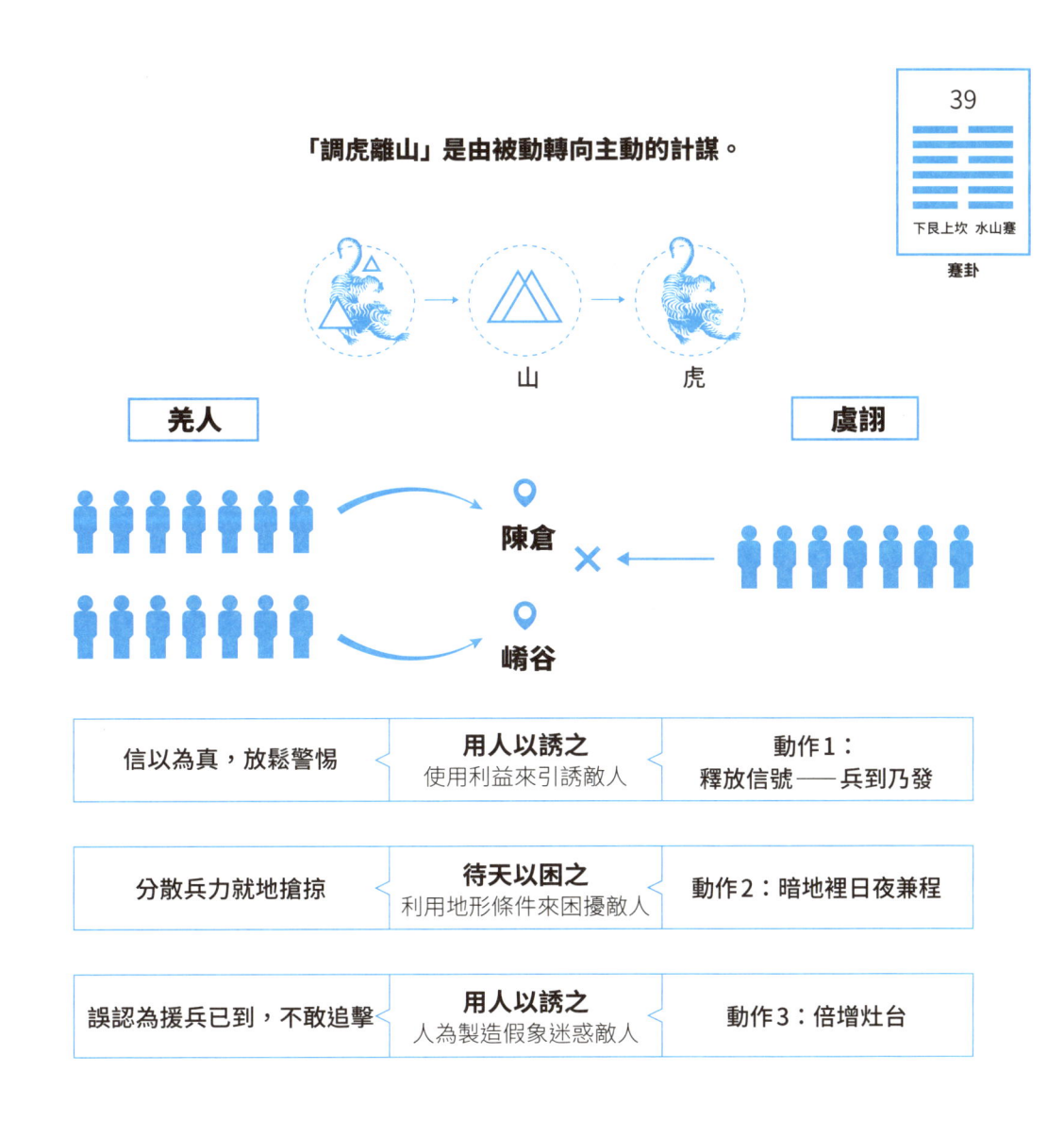

「調虎離山」是由被動轉向主動的計謀。

39

下艮上坎 水山蹇

蹇卦

山　　虎

羌人　　　　　　　　　　　　　　　虞詡

陳倉

崤谷

信以為真，放鬆警惕	用人以誘之 使用利益來引誘敵人	動作1： 釋放信號──兵到乃發
分散兵力就地搶掠	待天以困之 利用地形條件來困擾敵人	動作2：暗地裡日夜兼程
誤認為援兵已到，不敢追擊	用人以誘之 人為製造假象迷惑敵人	動作3：倍增灶台

如何破解「調虎離山」之計？

做任何事情的首要前提，是徹底了解自己，清楚認識自身的優勢與劣勢。這種自我認知，將決定你在面對「誘惑」時，能否做出理智且有利的決策。

必須仔細而認真地觀察與研究對手的一舉一動，特別是那些看似尋常、不起眼的細節。對手的真實意圖，往往隱藏在細節之中。

所謂「事出反常必有妖」，面對對手的示好或誘惑時，必須格外警惕，無論情勢如何變化，一定要堅守自身的立場或底線。

16 欲擒故縱

攻戰計

原文

　　逼則反兵，走則減勢。緊隨勿迫，累其氣力，消其鬥志，散而後擒，兵不血刃。需，有孚，光亨。

　　按語： 所謂縱者，非放之也，隨之，而稍鬆之耳。「窮寇勿追」，亦即此意。蓋不追者，非不隨也，不迫之而已。武侯之七縱七擒，即縱而躡之，故輾轉推進，至於不毛之地。武侯之七縱，其意在拓地，在借孟獲以服諸蠻，非兵法也。若論戰，則擒者不可復縱。

譯文

　　若把敵人逼迫得太緊，敵方便會拚死反擊；若讓其逃跑，則可削減其士氣。因此，只需要緊緊尾隨其後，不可逼迫過甚，藉此消耗敵方體力，削弱其鬥志，待其潰散無力時，再將其擒獲。如此一來，便能避免血腥戰鬥而取得勝利。此為《易經·需卦》中的道理。

　　按語： 所謂「縱」，並非真的放走敵人，而是要緊跟其後，稍微減緩對方的壓力。也就是說，對於逃竄的敵人，不可窮追猛打，應掌握好緊追與放鬆之間的分寸，以達到既能驅趕敵人，又能消耗敵人力量的目的。正如諸葛亮七擒七縱孟獲，表面上雖然看似縱敵，但實際上是緊隨其後，逐步推進至南方荒蕪之地。諸葛亮七縱孟獲的目的是開疆拓土，藉助孟獲來平定南方，這並非單純運用兵法，而是為了達成政治上的徹底征服。從戰爭的角度而言，一旦擒獲敵人，便不應再輕易釋放，以免生變。

啟示

　　《易經·需卦》的卦辭「需，有孚，光亨，貞吉，利涉大川」，「需」指的是等待，「孚」則指誠信。這裡的誠信並非主觀認定，因為「我以為」的誠信，如「我這麼做都是為你好」，往往只是自我滿足而非真正的尊重和誠實；真正的誠信應從對方立場出發。相對的，「欲擒故縱」的重點也是要懂得等待，並遵循客觀的時機與規律，如此才能成功並獲得豐碩成果。

　　「欲擒故縱」的本質是「以退為進」。運用這項策略的前提是我方實力必須強於敵方；〈攻戰計〉中的六個計策，均適用於此類局面。

總結： 故意放任與縱容，讓對手喪失戒備心理，從而為我方創造出有利的進攻機會。

「欲擒故縱」是利用「以退為進」拖垮對手的計謀。

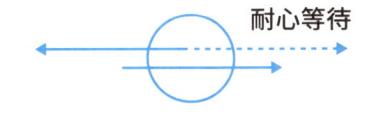

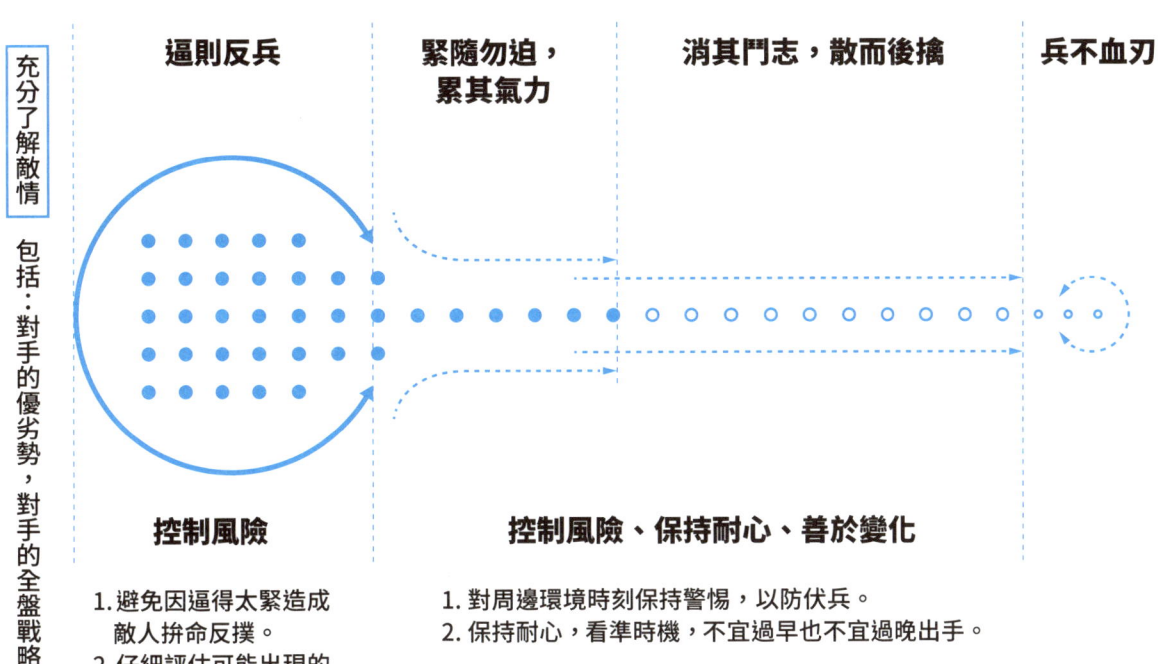

05

下乾上坎 水天需

需卦

耐心等待

充分了解敵情 包括：對手的優劣勢，對手的全盤戰略	逼則反兵	緊隨勿迫，累其氣力	消其鬥志，散而後擒	兵不血刃
	控制風險	控制風險、保持耐心、善於變化		
	1. 避免因逼得太緊造成敵人拚命反撲。 2. 仔細評估可能出現的風險	1. 對周邊環境時刻保持警惕，以防伏兵。 2. 保持耐心，看準時機，不宜過早也不宜過晚出手。		

如何破解「欲擒故縱」之計？

深入了解對手與自己，是行動前不可或缺的基礎準備。在交戰之前，與「知彼知己」相關的工作都一定要提前安排妥當，盡可能避免陷入「圍地」的風險。

大膽假設：若自己真的陷入「圍地」，應該如何破解？面對任何重大決策時，都應事先做好最壞的打算，以降低可能發生的風險。

不可貪心，也不要為了追求更大的利益而輕率冒險。尤其是在「生死之地」，不可輕信對手的任何花言巧語，要理性的分析並作出應對之策。

17 拋磚引玉

攻戰計

原文

類以誘之，擊蒙也。

按語：誘敵之法甚多，最妙之法，不在疑似之間，而在類同，以固其惑。以旌旗金鼓誘敵者，疑似也；以老弱糧草誘敵者，則類同也。如楚伐絞，軍其南門，屈瑕曰：「絞小而輕，輕則寡謀，請勿捍采樵者以誘之。」從之，絞人獲利。明日，絞人爭出，驅楚役徙於山中。楚人坐守其北門，而伏諸山下，大敗之，為城下之盟而還。又如孫臏減灶而誘殺龐涓。

譯文

用類似的方法誘使對方，趁其陷入迷茫之際，迅速攻擊對手。

按語：誘敵方法繁多，其中精妙之處，不僅是以相似外表使敵人懷疑，更是要讓敵人誤以為我方與其相似，而放鬆警惕。我方可用旌旗、金鼓製造假象，使其產生懷疑；亦可運用老弱士卒、糧草不足等假象，讓敵人誤認我方兵力單薄、軍心不穩，進而降低戒心。

例如，楚國攻打絞國時，駐紮在南門。楚國元帥屈瑕建議：「絞國地狹人輕浮，必無深謀，我請求暫不設防，讓砍柴者自由進出以誘使絞人出城。」楚軍依計行事，絞國軍隊因此獲利。翌日，絞國軍隊爭相出城，將楚國役夫驅趕至山中。楚軍則暗中駐紮北門，並在山腳設伏，大敗絞軍，迫使絞國簽訂城下之盟後方才班師回國。此外，孫臏「減灶」誘殺龐涓亦是經典案例。

啟示

《易經‧蒙卦》上九爻辭：「擊蒙，不利為寇，利禦寇。」意指應對愚昧之人，不宜採取過於激烈或殘酷的手段，應採取策略性的方式。這意味著處理問題應講究方法與策略，避免使用過度強硬或極端手段，以免適得其反。

日常生活中，商家常利用促銷手段吸引消費者，如發放優惠券、打折卡、贈品等。這些表面上的小利，實為吸引消費者購買商家真正想推銷的產品。「磚」是優惠券、打折卡、贈品等小利，「玉」則是產品本身，即商家的真實意圖。當然，「拋磚引玉」也常用於引導、激發他人思考與交流，透過提出粗淺意見，引出高明見解，從而達到互相啟發、共同進步的目的。

因此，對於《三十六計》中的不同計策，應該因應不同場合，靈活變通，切勿生搬硬套。

總結：根據不同的場景應用，「拋磚引玉」的結果亦有所不同。戰場上可用來打擊對手，生活中則可助力他人。

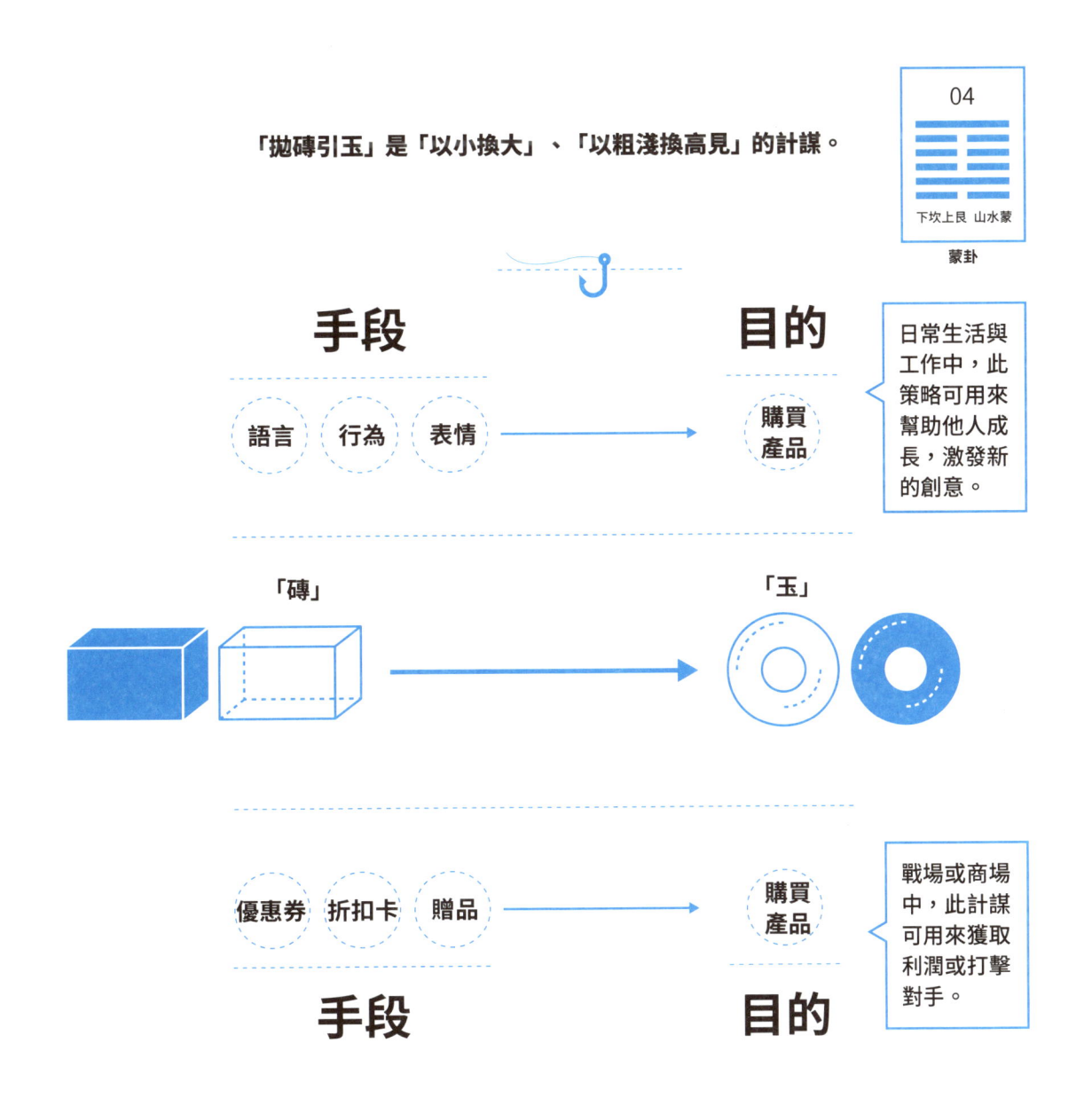

「拋磚引玉」是「以小換大」、「以粗淺換高見」的計謀。

04
下坎上艮 山水蒙
蒙卦

手段　　　　　　　　　　**目的**

語言　行為　表情　→　購買產品

日常生活與工作中，此策略可用來幫助他人成長，激發新的創意。

「磚」　　　　　　　　　　「玉」

優惠券　折扣卡　贈品　→　購買產品

手段　　　　　　　　　　**目的**

戰場或商場中，此計謀可用來獲取利潤或打擊對手。

如何破解「拋磚引玉」之計？

不要貪心：此計謀的本質是利用人性中的貪婪作為誘餌，因此，必須了解自身的能力，做自己該做的事，管理好自身欲望與弱點。

不輕信：要培養獨立思考的能力，不輕信他人的言語與行為。面對變化多端的世界，不能自以為是，要客觀地分析事物背後的真實意圖。

不鼠目寸光：日常生活與工作中，做任何決策或行動之前，都應該提前全面評估風險與收益，切勿因眼前一時的利益而忽略潛在的風險。

37

攻戰計

18 擒賊擒王

> **原文**　摧其堅，奪其魁，以解其體。龍戰於野，其道窮也。
>
> **按語**：攻勝，則利不勝取。取小遺大，卒之利、將之累、帥之害、功之虧也。全勝而不摧堅擒王，是縱虎歸山也。擒王之法，不可徒辨旌旗，而當察其陣中之首動。昔張巡與尹子奇戰，直衝敵營，至子奇麾下，營中大亂，斬賊將五十餘人，殺士卒五千餘人。巡欲射子奇而不識，剡蒿為矢。中者喜，謂巡矢盡，走白子奇，乃得其狀，使霽雲射之，中其左目，幾獲之，子奇乃收軍退還。

譯文　摧毀對手的主要力量，並且抓獲對手的首領，便可以瓦解其整體戰力。如同龍在曠野激戰，最終必將陷入困境、走向滅亡。

按語：戰勝敵人才能獲得巨大勝利。若只顧眼前小利，錯失獲取更大利益的機會，雖能稍微減少士兵傷亡，但因敵軍主力未滅，仍存巨大後患。這不僅成為日後軍事行動的累贅，也可能為統帥招致禍害，甚至導致先前所有努力功虧一簣。

獲得小勝而不全力摧毀敵軍的中堅力量、擒獲敵軍的首領，就如同放虎歸山，只會令敵人重新集結，恢復元氣並增強其戰鬥力。因此，擒獲敵人首領的方法，不能僅僅依靠辨認敵陣中的旌旗或標誌，因為這些符號常常是陷阱，應該觀察敵陣中率先行動者，以此辨別敵方將帥的位置。

唐代的張巡與叛軍尹子奇作戰時，便採取「擒賊擒王」的策略。張巡率軍直接衝入敵營，直抵尹子奇的指揮部，導致敵營大亂。他成功斬殺五十餘名敵將，並誅殺五千多名敵軍士卒。當張巡欲以弓箭射殺尹子奇時，卻因無法準確辨認其人而作罷。隨後，張巡命令手下以蒿杆代箭射殺敵人。敵軍中箭者發現僅是蒿杆後很高興，認為張巡已無箭可用，並告知尹子奇此情報，尹子奇因此暴露了位置，張巡當即命南霽雲放箭射殺尹子奇，成功射中其左眼並差點將其俘虜，尹子奇狼狽撤退。

啟示　《易經・坤卦》上六爻〈象〉曰：「龍戰於野，其道窮也。」意思是物極必反，窮盡到頭了，陰極便會轉為陽。以此卦來隱喻在戰爭、生活或工作中，要懂得把握關鍵時機和關鍵對象（即核心問題），及時摧毀敵人的核心力量和首領，從而獲得決定性的勝利。

「擒賊擒王」的本質是抓住問題的核心與關鍵，聚焦主要矛盾。戰爭上，擒賊擒王即是透過打擊敵軍的核心力量，直接瓦解敵軍士氣，快速結束戰事。生活與工作中，遇到複雜問題時，首先要確立真正的核心問題或關鍵環節，接著專注於主要目標，避免被次要事務干擾，進而制定清晰有效的計畫與策略，以確保達成目標。

在這套思考邏輯中，最困難的或許是如何界定問題。若一開始就錯誤界定問題，後續的分析、決策與行動等環節也必然錯上加錯。

總結：唯有正確界定問題，才能真正抓住其核心與關鍵。許多時候，人們都沒有界定出真正的問題。

「擒賊擒王」是強調遇到問題時，要先抓出主要的矛盾。

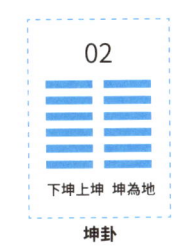

02

下坤上坤 坤為地
坤卦

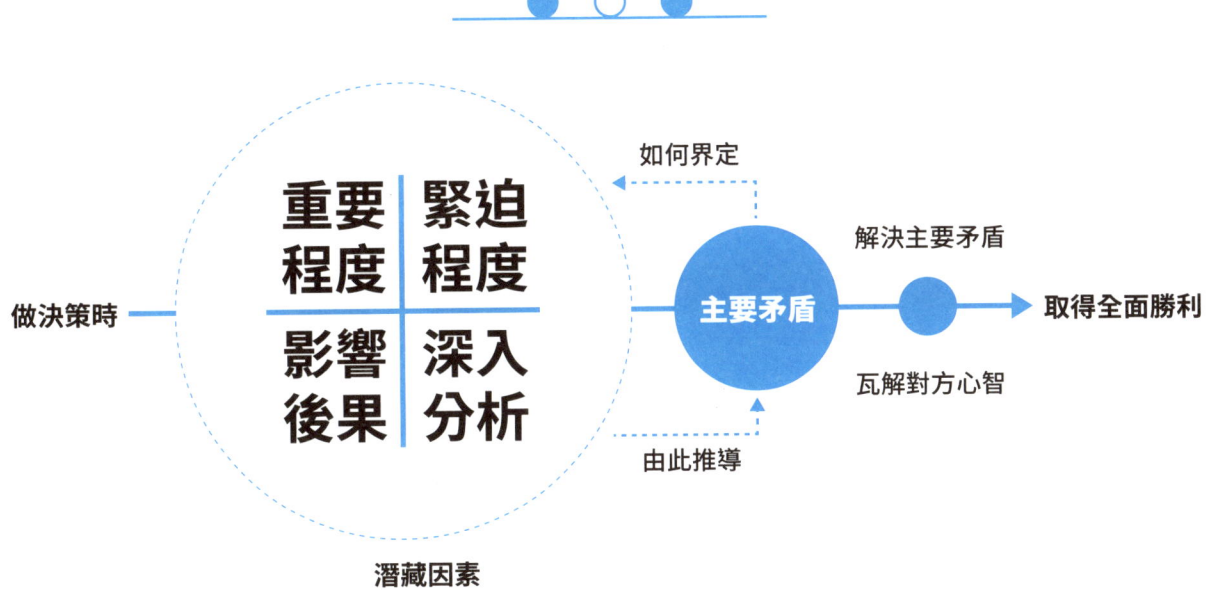

做決策時 —— 重要程度 | 緊迫程度 / 影響後果 | 深入分析

如何界定

主要矛盾 —— 解決主要矛盾 → 取得全面勝利

瓦解對方心智

由此推導

潛藏因素

做決策或解決問題時，我們應該先辨認並解決主要矛盾，以推動全局的發展。

如何破解「擒賊擒王」之計？

核心競爭力固然重要，但保持開放的心態更為關鍵。唯有如此，才能讓個人能力呈現網狀而非點狀結構，使你更能從容應對未來的挑戰與機遇。

不要輕易相信任何人，這一點至關重要，同時也是有效規避風險的方法之一。《鬼谷子·中經》有云：「言多必有數短之處。」這是提醒我們應當謹言慎行並時刻警惕，才稱得上是真正管好自己。

制定預備方案是必要的。舉例來說，隨著AI人工智慧技術的快速發展，許多傳統職務正逐漸被取代，因該此刻的我們應該盡快思考如何應對這種變化。

39

19 釜底抽薪

混戰計

原文

不敵其力，而消其勢，兌下乾上之象。

按語： 水沸者，力也，火之力也，陽中之陽也，銳不可當；薪者，火之魄也，即力之勢也，陰中之陰也，近而無害；故力不可當而勢猶可消。《尉繚子》曰：「氣實則鬥，氣奪則走。」而奪氣之法，則在攻心。昔吳漢為大司馬，有寇夜攻漢營，軍中驚擾，漢堅臥不動。軍中聞漢不動，有頃乃定。乃選精兵反擊，大破之。此即不直當其力而撲消其勢也。宋薛長儒為漢、湖、滑三州通判，駐漢州。州兵數百叛，開營門，謀殺知州、兵馬監押，燒營以為亂。有來告者，知州、監押皆不敢出。長儒挺身出營，諭之曰：「汝輩皆有父母妻子，何故作此？叛者立於左，脅從者立於右！」於是，不與謀者數百人立於右，獨主謀者十三人突門而出，散于諸村野，尋捕獲。時謂非長儒，則一城塗炭矣！此即攻心奪氣之用也。或曰：敵與敵對，搗強敵之虛以敗其將成之功也。

譯文

與敵人交戰時，不要直接與對方硬拚，應設法間接削弱其氣勢。採取以柔克剛的辦法來轉弱為強。

按語： 水的沸騰源於火的燃燒，火焰之力屬陽中之陽，其銳氣難以抵擋；而木柴作為火焰的根本，屬陽中之陰，靠近卻不會受傷。人雖然無法直接抵禦火焰之力，卻可削弱其根本源頭。《尉繚子》認為「士氣旺盛便勇於戰鬥，士氣沮喪則會潰敗。」因此，削弱敵軍士氣的關鍵在於攻心。漢朝大司馬吳漢曾遇敵軍夜襲營地，軍中驚擾，吳漢卻堅持臥床不動，將士得知後軍心迅速安定。待時機成熟，吳漢挑選精銳出擊，大敗敵人。此舉正是避免直接硬拚，轉而穩定己方士氣、瓦解敵方銳氣的取勝策略。又如宋朝薛長儒，任漢、湖、滑三州通判時駐紮漢州。當時百餘名士兵叛變，欲殺知州與兵馬監押，並放火燒營。知州和監押聞訊膽怯出逃，薛長儒挺身前往叛兵營中，曉以禍福利害：「你們皆有父母妻子，何苦作亂自尋死路？作亂的站左邊，受脅迫的站右邊！」於是數百受脅者站到右邊，十三名主謀則衝出營門逃遁，不久便被抓捕。當時人們皆稱讚：「若不是薛長儒在，全城恐將生靈塗炭！」這正是攻心奪氣的經典運用。有人進一步闡述：兩軍對壘，應搗毀敵人的虛弱之處，或在敵人即將成功之際破其鋒芒。

啟示

《易經·履卦》上卦為乾，象徵天；下卦為兌，象徵澤，故名「天澤履」。〈象〉曰：「履，柔履剛也。」象徵著以柔克剛。「釜底抽薪」原意是從鍋底抽走木柴，古人觀察發現，若想使沸騰的水降溫，倒水只會讓水更加沸騰，應抽走燃燒的木柴，藉由減弱火勢來達到降溫效果。這種傳統辯證思維啟示我們，處理問題時應從對立面切入思考，從根本上解決問題。在軍事策略中，面對敵人攻勢不應直接硬拚，而應冷靜觀察，洞察敵方關鍵所在，避其鋒芒，削弱其氣勢，接著伺機而動，趁勢奪取勝利。「釜底抽薪」之策，不僅在古代戰場上屢見不鮮，也廣泛應用於各種情境，在現代社會的競爭與矛盾處理中，同樣具有高實用價值。它提醒我們，處理問題要善於抓住核心矛盾，從源頭解決，以最小代價換取最大勝利。

總結： 在任何事物中，若存在多種矛盾，必定有一種是主要矛盾，具有領導與關鍵作用。

「釜底抽薪」是講求凡事從對立面思考，從源頭解決問題。

10
下兌上乾 天澤履
履卦

A ↔ B

表面問題

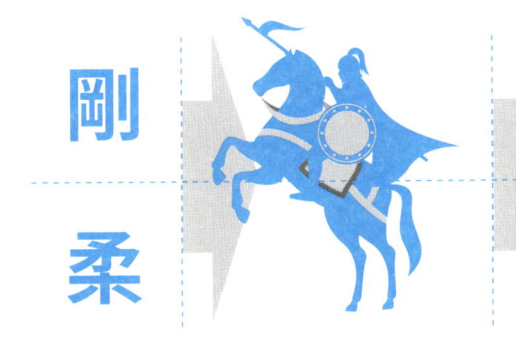

剛 柔

釜 薪

硬碰硬如同以冷水為沸水降溫，需要付出高成本、高代價 ← 表面問題

對立關係

兩軍對壘：根本問題是心志、士氣、氣勢 ← 根本問題

基本問題

如何破解「釜底抽薪」之計？

在制定戰略時，要綜合考慮各種因素，包括自身實力、對手的優勢與劣勢、環境的變化等。不能只著眼於眼前的短期利益，而忽略了長遠的利益。

持續提升自身的實力與整體素質，唯有實力夠強，面對敵人的挑戰時才能更為從容不迫，避免被對手抓住自身的弱點。

在制定策略時，不應盲目跟風或輕率冒險，要結合自身的條件與實際情況，制定出真正合適的策略。

41

混戰計

20 渾水摸魚

原文

乘其陰亂,利其弱而無主。隨,以向晦入宴息。

按語: 動盪之際,數力衝撞,弱者依違無主,散蔽而不察,我隨而取之。《六韜》曰:「三軍數驚,士卒不齊,相恐以敵強,相語以不利,耳目相屬,妖言不止,眾口相惑,不畏法令,不重其將,此弱徵也。」是魚,混戰之際,擇此而取之。如劉備之得荊州、取西川,皆此計也。

譯文

當敵方內部出現混亂時,應利用其力量虛弱、缺乏主見之際,使其順從於我。正如《易經・隨卦》所說:人應順應天時的變化而調整作息,夜晚到來時,就應入室休息。

按語: 在動盪不安的局勢中,各方勢力交錯衝突,情況往往混亂不明。此時,弱小一方常因猶豫不決、缺乏主見而易受外界干擾,難以冷靜判斷。此時,應隨局勢變化而趁勢取利。《六韜・兵徵》有云:「全軍多次受到驚嚇時,士卒必定混亂而不齊,彼此傳播恐慌心理,懼怕強大敵軍,互相傳播不利戰局的流言,不斷妖言惑眾,不遵守軍令,也喪失對將領的敬畏之心,這些都是軍隊怯懦潰散的徵兆。」當軍隊動搖不安,如同失去方向的魚群般混亂時,正是捕捉利益的最佳時機。劉備取得荊州與西川,便是運用此計的成功案例。

啟示

《易經・隨卦》中,〈象〉曰:「澤中有雷,隨。君子以向晦入宴息。」下雷上澤,雷潛伏於澤下,意味著夜晚將至,人應順應自然規律,於天色昏暗時入休憩。「渾水摸魚」的本質,是利用混亂的局面把握時機,藉機獲取利益或實現自己的目的。結合〈隨卦〉,即是在合適的時間做合適的事,該行動時猶豫不決,便可能錯失良機,甚至讓敵人重振旗鼓,等同於「放虎歸山」。

從另一個角度看,使用「渾水摸魚」的計策時,需要主動或被動地製造混亂局面,讓對方陷入混亂無序的狀態,另其無法做出正確的判斷與行動,抓住其弱點並趁機採取行動。因此,此計謀也是一種「障眼法」,即藉由製造混亂來掩蓋自己的真實意圖。

現在生活與工作中,「渾水摸魚」的啟示在於:應更加善於觀察和利用環境,果斷決策,同時保持冷靜的心態,不斷學習和適應變化的環境。

總結: 當水足夠渾濁、局勢足夠混亂時,正是從嘈雜紛亂中獲取最佳機會的時刻。然而,當你自身也陷入泥淖時,則應集中注意力,堅守初心並保持專注。

「渾水摸魚」是利用製造混亂來獲取利益或實現目標的計謀。

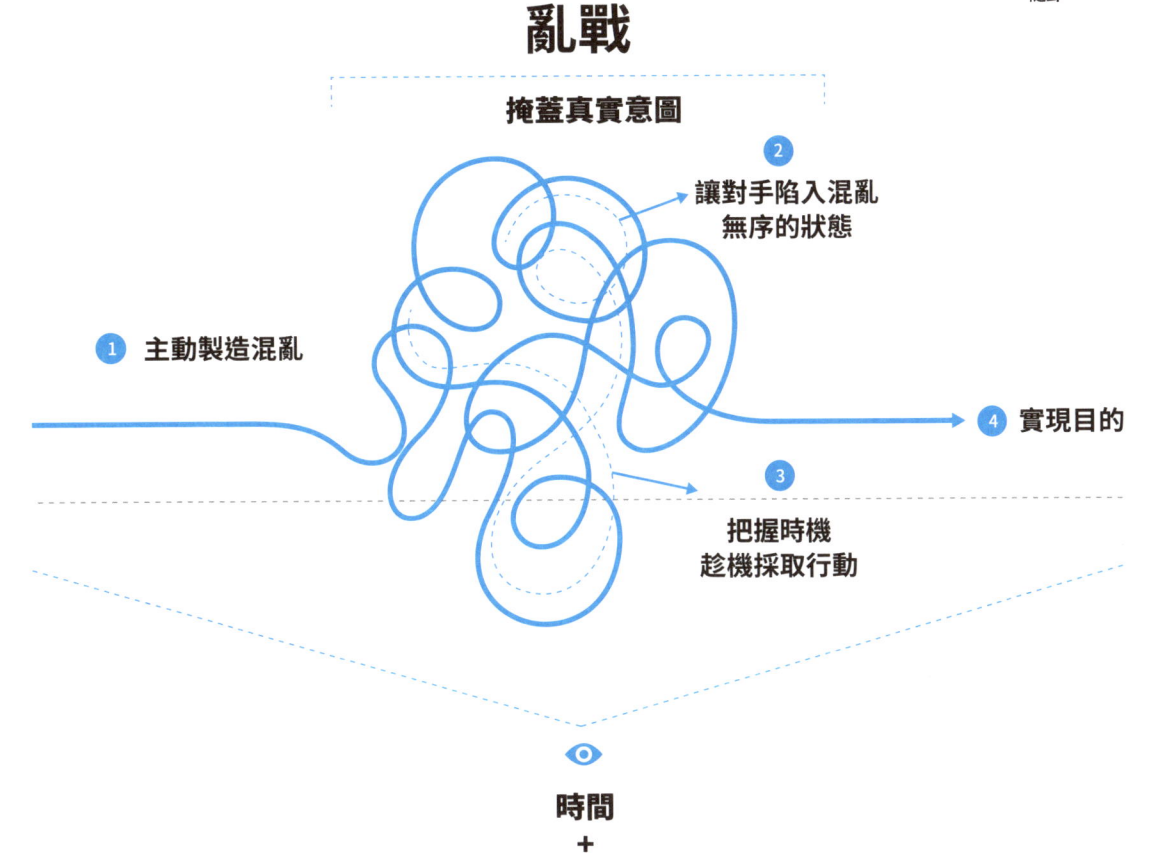

17
下震上澤 澤雷隨
隨卦

亂戰

掩蓋真實意圖

① 主動製造混亂

② 讓對手陷入混亂無序的狀態

③ 把握時機 趁機採取行動

④ 實現目的

👁
時間
＋
空間

如何破解「渾水摸魚」之計？

「不識廬山真面目，只緣身在此山中。」混亂不僅會擾亂我們的情緒，還會干擾我們的判斷力。在這個紛繁複雜的世界中，我們需要以冷靜的頭腦和清晰的視角來審視問題，努力突破重重迷霧，掌握整體局勢。唯有如此才能真正識得廬山真面目，理解事物背後的真相與本質。

面對錯綜複雜的局勢時，要保持獨立思考的能力，理性而專注地分析問題，避免因對手的刻意干擾而亂了陣腳。

21 金蟬脫殼

混戰計

原文

存其形，完其勢；友不疑，敵不動。巽而止蠱。

按語：共友擊敵，坐觀其勢。倘另有一敵，則須去而存勢。則金蟬脫殼者，非徒走也，蓋為分身之法也。故大軍轉動，而旌旗金鼓，儼然原陣使敵不敢動，友不生疑。待己摧他敵而返，而友敵始知，或猶且不知。然則金蟬脫殼者，在對敵之際，而抽精銳以襲別陣也。如諸葛亮病卒於軍，司馬懿追焉。姜維令儀反擊鳴鼓，若向懿者，懿退，於是儀結營而去。檀道濟被圍，乃命軍士悉甲，身白服乘輿徐出周邊。魏懼有伏，不敢逼，乃歸。

譯文

在戰場上，若能保持陣形並不斷完善隊伍陣容，就能使我方友軍不生疑慮，敵軍也不敢貿然進攻。此時，我方可趁機暗中轉移主力部隊，從而安然脫離戰亂。這個道理出自《易經·蠱卦》。

按語：與友軍共同應對敵人時，應靜觀其變。若戰場上出現其他敵人，我們可以保全既有陣勢，分兵迎擊，如金蟬脫殼，不僅要自保撤退，更要學會分身之法。當大軍轉移時，應繼續保持旌旗飛揚、金鼓齊鳴，軍隊嚴整肅穆，與平時陣勢無異。這能使敵人不敢貿然行動，友軍也無從察覺，待我方戰勝別處敵軍返回之際，敵友雙方才有所發覺，甚至仍未察覺。

所謂「金蟬脫殼」之計，乃是與敵對峙時，暗中調出精銳部隊，去襲擊別處的敵人。例如：諸葛亮病逝於軍中，司馬懿率軍追擊蜀軍，姜維命令楊儀高掛軍旗、擊鼓列陣，佯裝準備調頭反擊司馬懿。司馬懿疑有伏兵，便選擇退兵。楊儀遂率軍結營離去。又如南宋將領檀道濟被魏軍圍困時，他命令軍士全副武裝列陣，自己則身穿白衣乘車從容出城，魏軍害怕有伏兵，不敢逼近，最終撤軍，檀道濟因此成功脫險。

啟示

《易經·蠱卦》〈象〉曰：「蠱，剛上而柔下，巽而止，蠱。」意為上卦艮（山）下卦巽（風），象徵風在山下謙遜而沉靜地流動，預示事情可順利。套用在「金蟬脫殼」之計中，這正是指表面上維持穩定、拖住對手，而暗中完成主力部隊的轉移或撤退，如此能有效降低風險並成功脫身。「金蟬脫殼」是一種「走而示之不走」的策略，與《孫子兵法·始計篇》中的「兵者，詭道也。故能而示之不能，用而示之不用」同理，可視為《孫子兵法》中虛實應用的具體展現。透過製造假象迷惑敵人，使自身脫險或轉移，讓敵人在短時間內失去判斷力與行動能力，從而為我方爭取時間和空間。此外，「金蟬脫殼」亦可作為一種戰術手段，利用巧妙的偽裝和欺騙來達成目的。

總結：面臨敵我僵持或不利形勢時，可「走而示之不走」、「動而示之不動」，亦可「不走而示之走，不動而示之動，思而示之不思。」

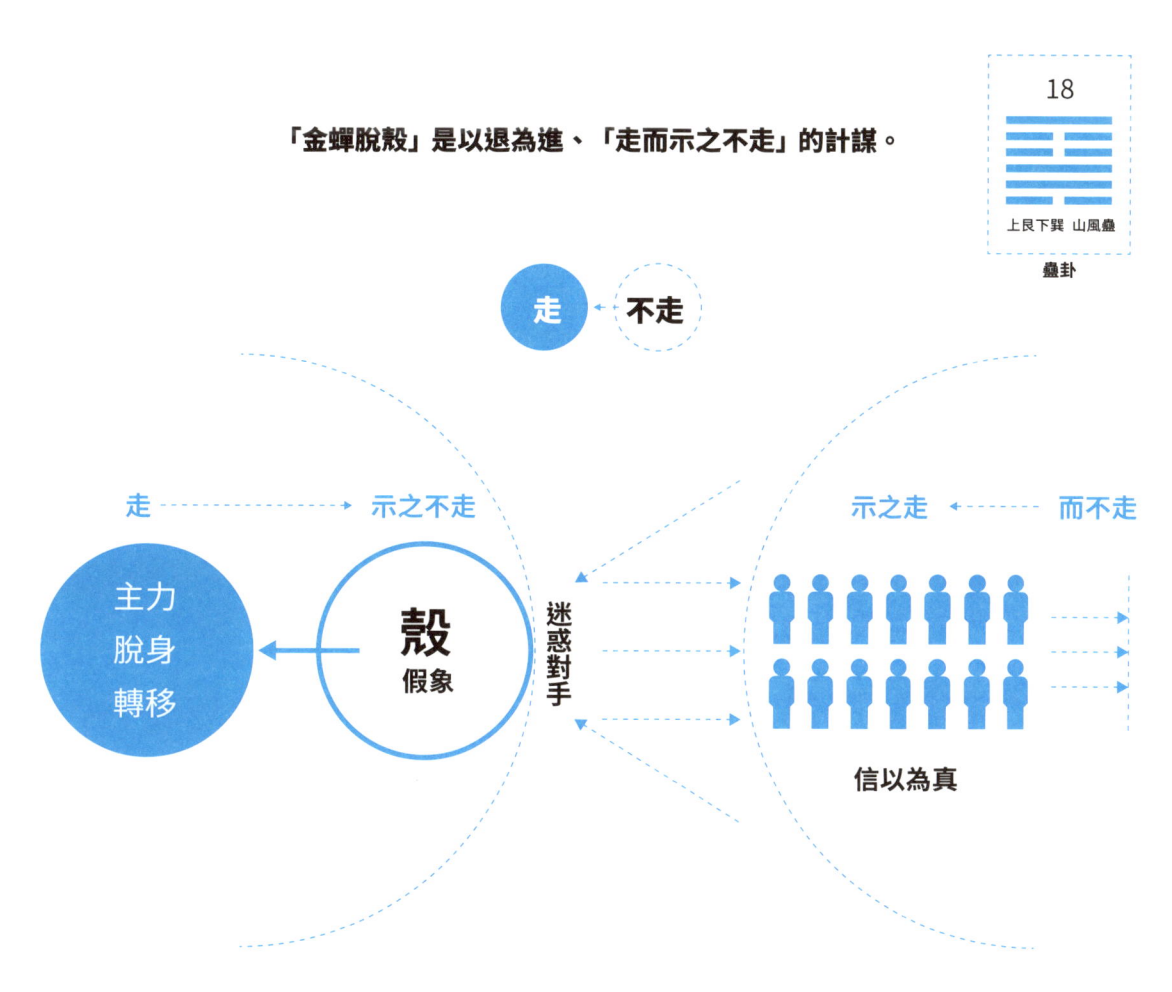

「金蟬脫殼」是以退為進、「走而示之不走」的計謀。

18
上艮下巽 山風蠱
蠱卦

走　不走

走 → 示之不走　　示之走 ← 而不走

主力脫身轉移 ← 殼 假象　迷惑對手　信以為真

「金蟬脫殼」是一種迷惑對手的策略，透過製造假象或迷惑敵人來脫身或移動，同時保持自己的實力和優勢。

如何破解「金蟬脫殼」之計？

博弈本就是你來我往、充滿各種不確定性。因此，在應對時必須隨機應變，並對那些看似「確定」的事物保持懷疑。

日常生活與工作中，要時刻注意自身的主觀意識和固有思維模式，不要被過去的經驗所限制，應該保持開放心態尋找新的機會。

「混戰計」的六個計謀皆以「混亂」為核心展開，因此，應管理好自己的情緒，保持冷靜與理性，不被外界影響所干擾。

混戰計

22 關門捉賊

> **原文**
>
> 小敵困之。剝，不利有攸往。
>
> **按語：** 捉賊而必關門，非恐其逸也，恐其逸而為他人所得也。且逸者不可復追，恐其誘也。賊者，奇兵也，遊兵也，所以勞我者也。《吳子》曰：「今使一死賊伏於曠野，千人追之，莫不梟視狼顧。何者？恐其暴起而害己也。是以一人投命，足懼千夫。」追賊者，賊有脫逃之機，勢必死鬥；若斷其去路，則成擒矣。故小敵必困之，不能，則放之可也。

譯文

面對弱小的對手或數量較少的敵人，應採取圍困的策略。面對那些看起來勢單力薄的小規模頑敵，不宜急追遠趕。這是從《易經·剝卦》中所悟出的道理。

按語： 捉賊務必關門再捉，這不僅是為了防止其逃跑，更是擔心一旦逃脫，反而會被他人利用。此外，不應輕易追趕已逃走的賊，以防中了其誘兵之計。賊，即是《孫子兵法·兵勢篇》中所述的「奇兵」，指行蹤詭譎難測的隊伍，用來消耗我軍體力、擾亂軍心。吳起曾說：「若使一名不怕死的賊藏匿於野外，派遣千人追捕，幾乎人人都會感到猶豫害怕。為什麼？因為擔心賊突然跳出來反擊。因此，一個不怕死的敵人就足以使千人害怕。」若一味追擊，賊發現有逃脫可能，必然會拚死反抗；然而若能及時封鎖其退路，便能生擒之。因此，對付小規模敵軍務必設法加以圍困，若無法圍困，應果斷放其離去。

啟示

《易經·剝卦》卦辭曰：「剝，不利有攸往。」此卦下坤上艮，象徵秋天萬物凋零，陽氣即將被剝盡。在此局勢下，若仍強行前往或冒進出擊，必然是不利的。因此「關門捉賊」之計即是說明，面對敵方力量微小但行動靈活的小規模部隊，貿然急追或遠趕都是不利的，應儘快圍困並全殲才是有利的。「按語」中說道「賊者，奇兵也」，這裡的奇兵即《孫子兵法·兵勢篇》中：「凡戰者，以正合，以奇勝」的奇兵，他們作戰靈活，用於出奇制勝以及誘敵疲勞。因此一旦遭遇敵方的奇兵，務必即時圍困消滅。

這一計謀不僅能用在對付奇兵上，也可以應用於不同規模的戰爭中，包括小規模的戰鬥和大規模的戰爭。簡而言之，「關門捉賊」是指我方「正」遇到敵方「奇」的情況下，切勿貿然追擊，以免陷入敵方陷阱的防範之計。

總結：《三十六計》的精妙之處在於這不僅是一套獨立的計謀，而且是一套可以相互組合變化的策略和戰術系統。

「關門捉賊」是提醒人避免落入對方圈套的防範之計。

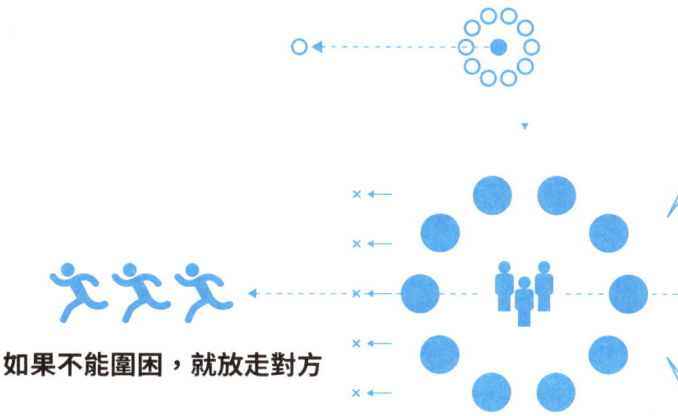

23
下坤上艮 山地剝
剝卦

關門捉賊 1
敵方主力
面對絕對優勢，要圍困並消滅敵方主力，如同《孫子兵法》所講的「十則圍之」。

10：1

如果不能圍困，就放走對方

切勿追擊
以免陷入對方的詭計

關門捉賊 2
敵方奇兵
面對小規模的對手，更要即時圍困，立刻殲滅。

如何破解「關門捉賊」之計？

「無中生有」之計能夠有效破解「關門捉賊」之計。前者能讓敵人產生錯覺與錯誤判斷，從而突破包圍。

可以透過「聲東擊西」之計轉移敵人注意力，在敵人的正面製造聲勢或行動假象，使其產生錯誤判斷，從而破解敵人的包圍。

以計解計，《三十六計》不僅是三十六個計謀，更如《易經》一般具有相生相克的特性，形成兩兩配對、三三組合的巧妙變化。

混戰計

23 遠交近攻

> **原文**
> 形禁勢格，利從近取，害以遠隔。上火下澤。
>
> **按語：** 混戰之局，縱橫捭闔之中，各自取利。遠不可攻，而可以利相結；近者交之，反使變生肘腋。范雎之謀，為地理之定則，其理甚明。

譯文

當受限於地形地勢時，對近處的敵人發動攻勢較為有利，對遠處的敵人發動攻勢則可能招致不利後果。這是從《易經‧睽卦》中領悟的道理，卦象中火向上、水向下，象徵我方與鄰近者關係背離、難以合作。

按語： 在局勢混亂的情況下，各方勢力關係複雜，頻繁分分合合，彼此都為自身爭取最大利益。此時，不宜貿然進攻相隔甚遠的對手，應視情況採取聯合、結盟的策略；反之，若與鄰近對手合作，反而可能引狼入室，導致禍亂在近旁爆發。戰國時期范雎提出的「遠交近攻」戰略，便明確指出應根據地理遠近來結交與攻打，道理淺顯易懂。

啟示

《易經‧睽卦》卦辭曰：「上火下澤，睽。君子以同而異。」澤水向下流，火焰向上升，兩者方向相悖，象徵著分離而非和合。若不遵循這種相互背離的自然法則，強行使其結合，勢必導致不利的結果。

若將「遠交近攻」反為「遠攻近交」，將會產生數種後果：首先，容易被近處的敵人趁機消滅；其次，即使戰勝遠處的敵人，也會因距離遙遠，難以維持兵力部署而招致危險；再者，若遠處戰敗，返回途中也可能遭近處對手截擊。由此可見，「遠攻近交」顯然違背地理與兵力分布的現實規律，正如火澤之象。

「遠交近攻」則採用分化瓦解、各個擊破的策略，利用地理條件進行戰略規畫。其核心思想是避免樹立過多敵人，透過與遠方國家結盟，集中力量攻擊鄰近國家，逐步擴大疆域，最終實現統一。在混戰局勢下，各方皆不擇手段爭取利益，此時「遠交近攻」策略可發揮關鍵作用。

總結：《孫子兵法‧謀攻篇》中提到「倍則分之」，「遠交近攻」正是將國外勢力視為一個「整體」，再將其逐步分裂瓦解。這就像吃飯要一口一口吃，敵人也要一個一個擊敗，才能將其全部消滅。

「遠交近攻」是設法瓦解分化、逐個擊破對方的計謀。

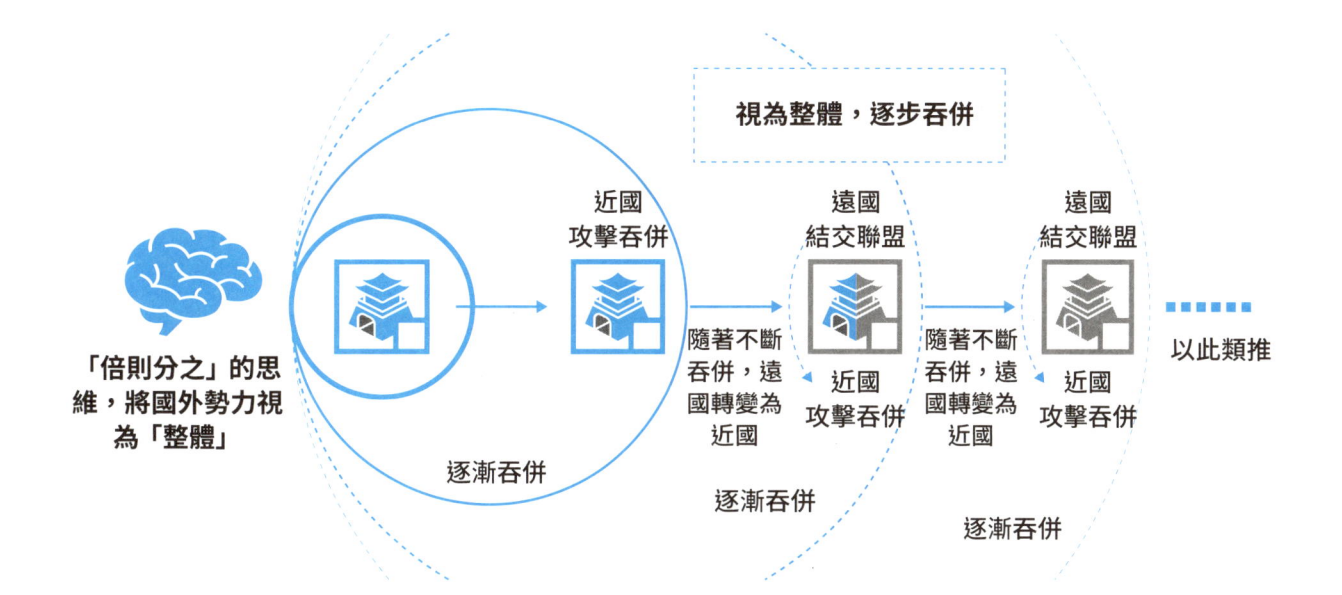

38

下兌上離 火澤睽

睽卦

視為整體，逐步吞併

「倍則分之」的思維，將國外勢力視為「整體」 → 逐漸吞併 → 近國攻擊吞併 → 隨著不斷吞併，遠國轉變為近國 → 遠國結交聯盟 → 逐漸吞併 → 近國攻擊吞併 → 隨著不斷吞併，遠國轉變為近國 → 遠國結交聯盟 → 逐漸吞併 → 近國攻擊吞併 → 以此類推

如何破解「遠交近攻」之計？

如果敵人正在對距離自己較遠的目標發動攻擊，可以透過攻擊其後方陣地、補給線或交通要道等重要位置，使敵人不得不撤退或放棄原先的攻擊目標。

加強自身實力，是破解「遠交近攻」之策的關鍵。除了提升軍事實力與技術水準之外，也要加強自身的實力與競爭力，如此在面對敵人的進攻或威脅時，才能更加從容不迫。

積極尋求新的合作夥伴。與周邊國家建立良好的關係，進而構築起更為廣泛的聯盟體系，可有效增加外部的支持與援助資源。

混戰計

24 假道伐虢

原文　兩大之間，敵脅以從，我假以勢。困，有言不信。

　按語：假地用兵之舉，非巧言可誆。必其勢不受一方之脅從，則將受雙方之夾擊。如此境況之際，敵必迫之以威，我則誆之以不害，利其倖存之心，速得全勢。彼將不能自陣，故不戰而滅之矣。如晉侯復假道於虞以伐虢。晉滅虢，虢公醜奔京師。師還，襲虞滅之。

譯文　位處兩個大國之間的小國，若受到某一方的脅迫而屈從時，我方應當展現出兵援救的姿態，如此便可獲得小國的信任。這是從《易經‧困卦》中悟出的道理。

　按語：戰略行軍需要借道他國通行時，中間國的立場至關重要。此時，巧言令色並不足以說服對方，而是要讓該國處於兩強對峙、不得不兩面觀望的境地。此時，敵人必然以武力逼迫中間小國屈服，我方則展現保護其不受侵害的姿態，誘使小國合作，利用其僥倖求存心理，迅速取得戰略優勢。然而，這類中間國往往難以長久堅守，通常不須戰鬥便能使其滅亡。例如，晉獻公向虞國借道攻打虢國，結果晉國滅虢後，返程時便襲擊並滅掉了虞國。

啟示　《易經‧困卦》卦辭曰：「困，亨，貞，大人吉，無咎，有言不信。」此卦蘊含困境中亦能亨通之機，關鍵在於「貞」——即堅守正道，坦然面對困難便會順利。大人（高尚品德者）吉，小人（德行不足者）則不吉。然而，大人之吉亦有條件：在身處困境時，往往難以獲得他人信任，必須以實際行動與德行來證明立場。

　此計策意指當小國面臨困境，我方不能光說不做，唯有實際介入，對方才會徹底相信我方。而「假道伐虢」表面是借道，實則製造混亂局勢，利用對方內部矛盾或弱點，離間其聯盟，使其自行瓦解分裂，形成孤立無援、互不相救的局面。

　此計謀不只是「假道」，更是分而治之。先使其中一方成為「無脣之齒」，滅敵後再使另一方成為「無齒之脣」。這樣不僅能更便捷有效地消滅敵人，也能藉由隱匿意圖、達成出奇制勝的戰果，使我方事半功倍、一箭雙雕。

總結：「遠交近攻」和「假道伐虢」這兩種策略，都應隨情況變化而定，根據不同的情境與問題進行具體分析和擬定，一切都應因地制宜。

「假道伐虢」是以「借道」為名攻打敵方的計謀。

47

下坎上兌 澤水困
困卦

A送B良馬美璧，以離間、分化、瓦解BC的關係

「假道伐虢」是一項軍事計謀。「假道」是借路，「伐」是攻占，「虢」則是春秋時期的小國。此計的用意在於：先利用甲國作為跳板去消滅乙國，待目的達成後，再回頭一併消滅甲國；或是以向對方借道為名，實則行消滅對方之實。

以B為跳板

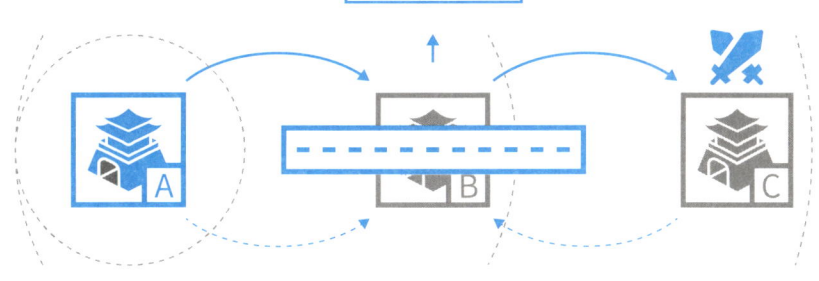

以B為跳板，滅C後，回頭滅B。但此計有很高的風險，必須提防B。

如何破解「假道伐虢」之計？

上篇介紹「遠交近攻」，指可以與距離較遠的對手國家建立友好關係，採取結盟、合作等策略，以擴大自身的勢力範圍和影響力。

結盟與聯合是暫時性的權宜之計，「合久必分，分久必合」是常態。因此，必須明白其中的道理，並根據地理環境、時機、空間與人物的不同，因勢制宜，不可用固定觀點來一概而論。

無論何時，持續強化自身實力與內涵都極為重要。終身學習絕非口號，能持續輸出與吸收、順應時勢，才是我們真正該做的事。

51

25 偷梁換柱

並戰計

原文

頻更其陣，抽其勁旅，待其自敗，而後乘之，曳其輪也。

按語： 陣有縱橫，天衡為梁，地軸為柱。梁柱以精兵為之，故觀其陣，則知精兵之所在。共戰他敵時，頻更其陣，暗中抽換其精兵，或竟代其為梁柱；勢成陣塌，遂兼其兵。並此敵以擊他敵之首策也。

譯文

透過頻繁變動友軍的部署與配置，暗中調換並抽離其主力部隊，待其因戰力削弱而衰敗時，我方即可趁機兼併，收為己用。這便是《易經·既濟卦》中所說的：只要拖住車輪，便能控制車的運行。

按語： 軍隊陣型的排列有縱橫之分，陣中設有「天衡」，前後為「梁」，中央為「柱」。布陣時常在「梁」與「柱」的位置部署精銳部隊。因此，透過觀察友軍的軍陣，便能判斷出精兵所在。當我方與友軍聯手對抗敵軍時，可以在頻繁調整友軍陣型的過程中，悄然將其精銳從天衡、地軸處抽離，或者以我方兵力取而代之。如此一來，友軍陣型便會出現破綻並有坍塌之勢，我方便能趁機兼併。這便是兼併控制友軍、進而對其他敵人發動戰爭的良策。

啟示

《易經·既濟卦》中〈象〉曰：「曳其輪，濡其尾，無咎。」意思是說，車的運行主要依靠車輪，只要拖住車輪，車子便無法行駛。「頻更其陣」即頻繁調動友軍的陣型，是一種手段，目的是「抽其勁旅」，即抽離友軍的「梁」與「柱」，如同拖住友軍的「車輪」。

因此，「偷梁換柱」是利用與友軍聯合作戰的機會，藉機併吞友軍的計謀。此計可與上篇的「假道伐虢」結合運用，如鄭莊公「偷梁換柱」吞併戴國，便先以「假道伐虢」的方式，將鄭軍的力量滲透進戴國內部，以「與戴國共同抵禦敵軍」的名義，組建由鄭軍領導的聯軍，接著運用「偷梁換柱」之計控制友軍，最終併吞戴國。

在現代職場與商業競爭中，此計謀也常被用於大企業併購小企業，或是競爭品牌挖角我方團隊的核心成員等。

總結： 這個世界本就在不斷持續變化，因此，我們不該將希望寄託於天地之運或他人之助，應當立足於自身的實力。

「偷梁換柱」是吞併「弱小勢力」的計謀。

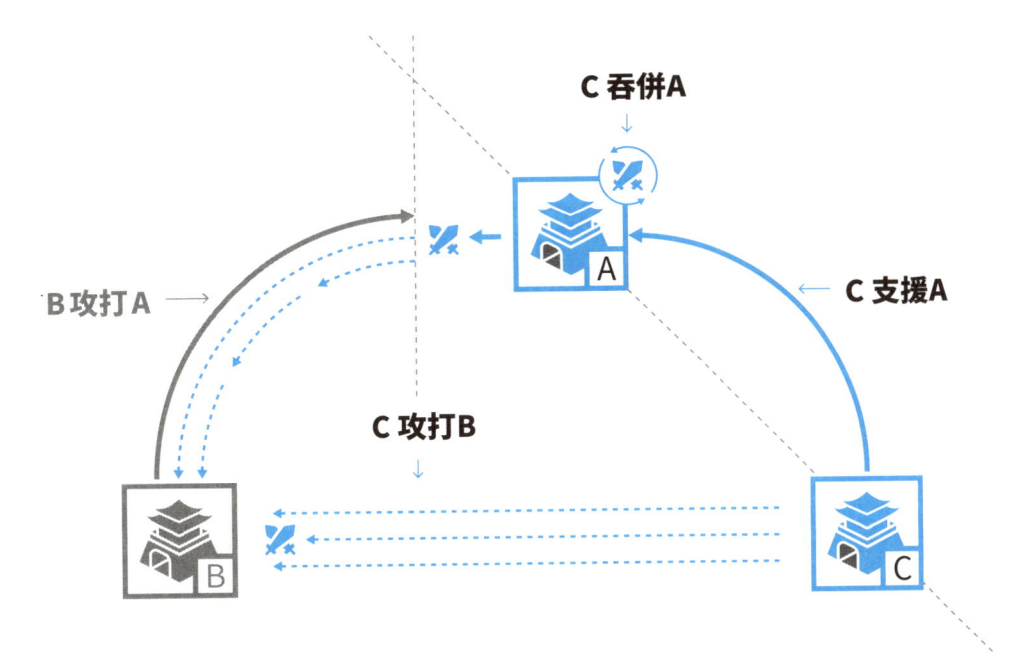

63
下離上坎水火既濟
既濟卦

C 吞併A

B 攻打A →

C 支援A

C 攻打B

「偷梁換柱」是在不引起注意的情況下，偷偷替換掉原有的結構或要素。
通常用來比喻在暗中進行的變革。

如何破解「偷梁換柱」之計？

他人之所以對你施展「假道伐虢」、「偷梁換柱」等計謀，關鍵往往在於你的弱小與對他人的依賴。無論是國家、企業，抑或是個人，唯有自強不息、提升實力，才是首要目標。

「曳其輪」這個概念，是提醒我們在面對問題時，要抓住矛盾的核心與關鍵點。我們必須時刻保持警覺與反思，當遇到挑戰時，必須及時回顧並分析，修補自身的不足。

我們終究無法抵擋人性中的欲望，因此，不應將希望寄託於他人的不貪，《孫子兵法》有云：「能為不可勝，不能使敵之必可勝。」

26 指桑罵槐

並戰計

原文
大凌小者，警以誘之。剛中而應，行險而順。

按語： 率數未服者以對敵，若策之不行，而利誘之，又反啟其疑。於是故為自誤，責他人之失，以暗警之。警之者，反誘之也；此蓋以剛險驅之也。或曰：此遣將之法也。

譯文
當強大的一方欺凌、控制弱小一方時，我方必須警戒，並透過引導與制衡來應對。這就是《易經‧師卦》所說的，只要採取剛強中正的手段，上下就會同心協力，即使身處險境，也能順利達成目標。

按語： 率領一支向來不服從指揮的隊伍作戰時，如果他們不願行動，此時以利益誘惑反而會讓他們心生懷疑。更好的做法是故意製造事端，藉此責備他們的過失，目的是暗示並警告那些不服從命令的人。這種暗示與警告，就是透過處罰某人來間接警示其他人，從而達到引導與控制的效果。這也可視為一種調兵遣將的策略。

啟示
《易經‧師卦》中的〈象〉曰：「師，眾也。貞，正也。能以眾正，可以王矣。剛中而應，行險而順，以此毒天下而民從之，吉又何咎矣。」這段話的意思是，當一個人具備剛健中正、堅守正道的品格，並能順應時勢，即便前方困難重重，也能因順應天道而化險為夷。若能以這種方式治理天下，百姓自然會服從。

《孫子兵法‧九地篇》中寫道：「靜以幽，正以治。」指出管理者對待下屬應當公正無私，處理事情秉持公正，這樣才能有效治理下屬。當人人心中都有敬畏之心時，軍隊上下就能各守本分、秩序井然，不敢怠慢。要達到這種狀態，必須透過「警戒」來引導，並藉由警戒來實現公正。

在適當的時機運用剛強中正的手段，才能激發出「敬畏之心」，如此便能順利達成目標。反過來說，讓眾人產生「敬畏之心」，也是保全自身實力、維持掌控力的重要手段。

總結： 在職場中，「指桑罵槐」的策略非常普遍，應當保持冷靜與清醒，用理智與機智應對局勢變化，不要誤入對立立場。

「指桑罵槐」是一種能避開直接衝突卻震懾他人的計謀。

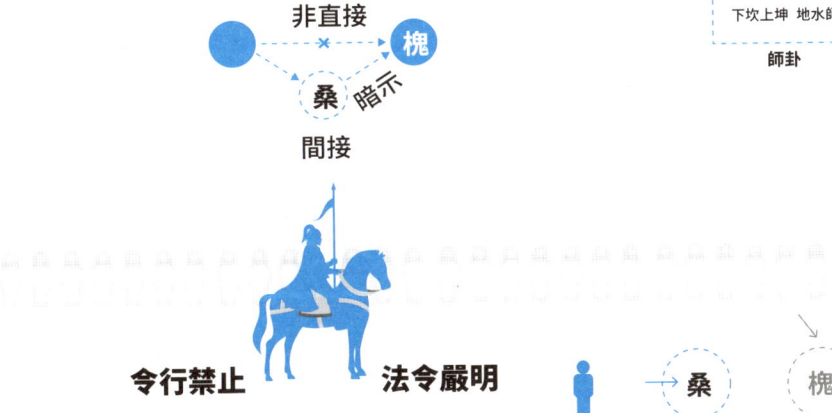

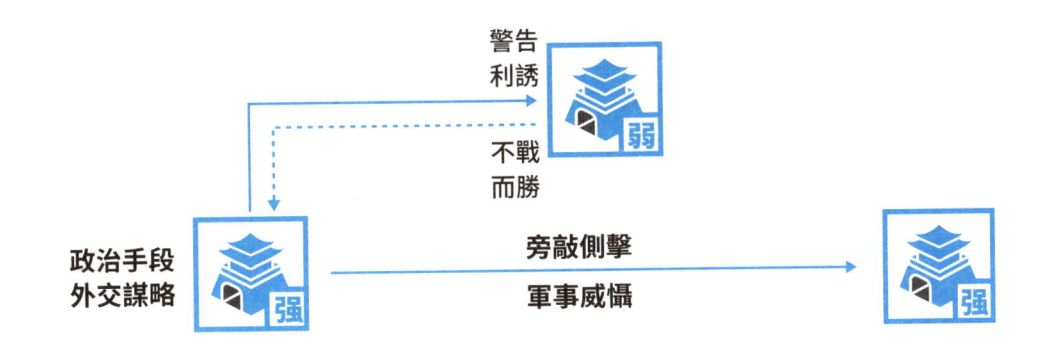

```
07
下坎上坤 地水師
師卦
```

非直接 ─ 槐
    桑 暗示
間接

令行禁止　法令嚴明　桑　槐

警告
利誘

不戰
而勝

政治手段
外交謀略　強　旁敲側擊　軍事威懾　強

如何破解「指桑罵槐」之計？

在生活與工作中，當遇到「指桑罵槐」的情境時，首先要保持冷靜與理性的態度，不可輕易被對方的言語所影響，以免陷入對方設下的陷阱。

實事求是地看待問題，將話題重新導回到事實層面與問題的本質上。這種方式常見於外交鬥爭之中，透過闡明事實，專注處理實質性議題。

以長線思維來看待問題，這種心態極為重要。嘗試在遇到難題時，先客觀分析，不急於表態，很多問題便可自然化解。

並戰計

27 假痴不癲

原文

寧偽作不知不為，不偽作假知妄為。靜不露機，雲雷屯也。

按語：假作不知而實知，假作不為而實不可為，或將有所為。司馬懿之假病昏以誅曹爽，受巾幗、假請命以老蜀兵，所以成功；姜維九伐中原，明知不可為而妄為之，則似痴矣，所以破滅。兵書曰：「故善戰者之勝也，無智名，無勇功。」當其機未發時，靜屯似痴；若假癲，則不但露機，則亂動而群疑。故假痴者勝，假癲者敗。或曰：「假痴可以對敵，並可以用兵」。宋代，南俗尚鬼。狄青征儂智高時，大兵始出桂林之南，因佯祝曰：「勝負無以為據。」乃取百錢自持之，與神約，果大捷，則投此錢盡錢面也。左右諫止：「倘不如意，恐沮軍。」青不聽。萬眾方聳視，已而揮手一擲，百錢皆面。於是舉兵歡呼，聲震林野，青亦大喜；顧左右，取百釘來，即隨錢疏密，布地而貼釘之，加以青紗籠護，手自封焉。曰：「俟凱旋，當酬神取錢。」其後平邕州還師，如言取錢，幕府士大夫共視祝視，乃兩面錢也。

譯文

寧可假裝不知道而按兵不動，也不要假裝知道而魯莽行事。沉著冷靜而深藏不露，這是從《易經·屯卦》中領悟的道理，就像雷霆隱藏在雷雲後面，不輕易顯露。

按語：假裝不知，實則非常明白；假裝不動，實則是因為當下局勢不明朗，不宜妄動，或是正在耐心等待最佳時機再行動。歷史上，司馬懿裝病多年，在關鍵時刻誅殺曹爽；他收到諸葛亮「贈送」的婦人服飾，也並未因受辱而激怒，依然裝作上表請命、拒不出戰，藉此消耗蜀軍精力與士氣，最終獲得勝利。反觀蜀漢將領姜維，在九次北伐過程中，明知不可為卻執意妄為，實屬愚昧，因此必敗。《孫子兵法》說：「善於用兵的人，打了勝仗，並不爭名，也不炫耀功勞。」他們在尚未採取行動前，便如〈屯卦〉所言深藏不露。若一個人假裝癲狂，不僅會暴露真正意圖，還可能因行事過激而引起他人猜疑。因此，裝痴可使人鬆懈而得勝，裝癲則往往導致失敗。也有人認為：裝痴既能迷惑敵人，也能用來治軍。宋朝時，南方風俗崇尚鬼神。名將狄青率軍征討儂智高，當大軍來到桂林以南時，狄青假裝拜神說道：「這次出征勝負難料啊！」說罷便取出一百個銅錢許願：「此次若能得勝，就讓擲出的每一枚錢幣都正面朝天！」左右將士聞言皆勸道：「這樣做不行啊，倘若正面不朝天，恐怕會影響士氣！」狄青不聽勸阻，在眾人注視之下，揮手一擲，一百個銅錢紛紛落地且都正面朝天。全軍齊聲歡呼，聲音響徹山林曠野，狄青也十分高興，隨即吩咐左右將士取一百個釘子來，按照錢幣的位置，把它們都釘在地上，再用青紗蓋住，說道：「待凱旋，一定要酬謝天神再把錢幣取回。」後來，狄青果然如願平定了邕州。凱旋後按原先所說的去取錢幣，眾人紛紛圍觀，才發現那些錢幣竟是兩面皆為正面。

啟示

《易經·屯卦》中〈象〉曰：「雲雷，屯，君子以經綸。」意思是〈屯卦〉象徵雷動於下，雲行於上，雲勢壓抑雷動。君子觀察到此景象，應深思熟慮，謹慎行事，於心中周密籌畫政務與軍略，將「經綸」藏而不露聲色。「假痴不癲」的精髓便在於此：透過表面偽裝（「假痴」即裝瘋賣傻、裝聾作啞，實則內心清醒透徹），藉此迷惑對方。一旦時機成熟，便可出其不意，最終擺脫困境或實現目標。這計策在軍事、政治和商業等領域皆適用，與《孫子兵法·始計篇》所講的「兵者，詭道也。故能而示之不能，用而示之不用，近而示之遠，遠而示之近」有異曲同工之妙。兩者皆是透過誤導對手，使其產生錯誤判斷或放鬆警惕，從而有利於自己隱藏真實意圖和實力。

總結：「象」（表象）有真有假、有好有壞，變化萬千。關鍵在於我們能否看破其表象，明其本質。正如佛經所言：「見相非相，即見如來。」

「假痴不癲」是隱藏真實實力或意圖的計謀。

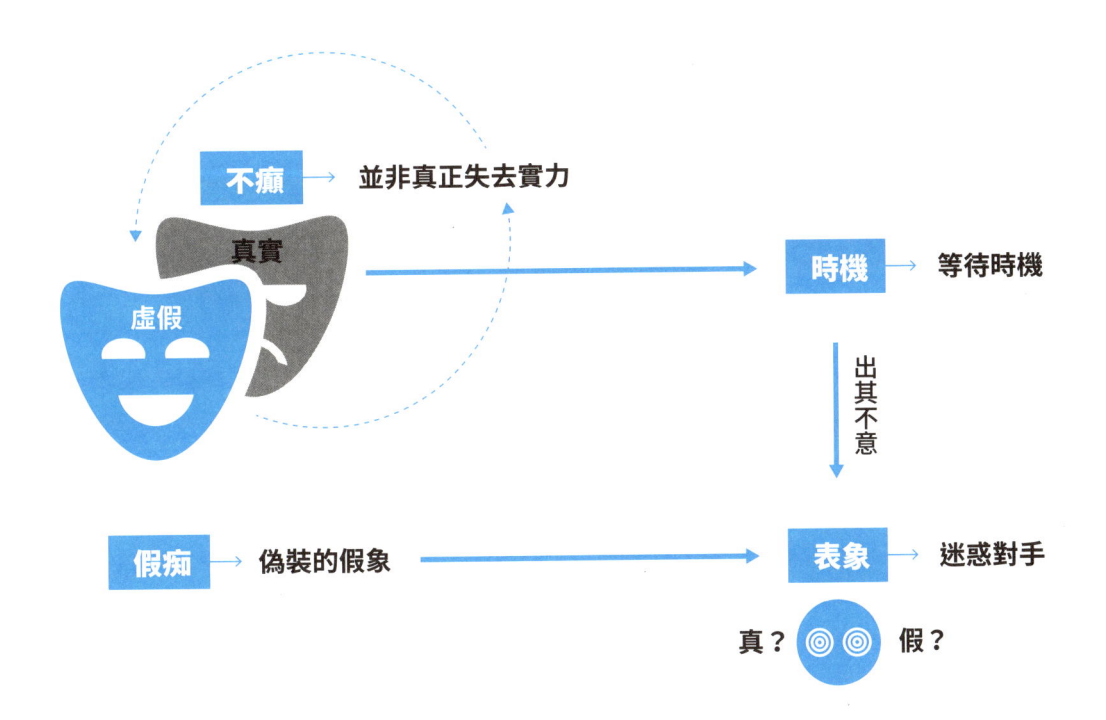

47

下震上坎 水雷屯
屯卦

不癲 → 並非真正失去實力

真實 → 時機 → 等待時機

虛假

出其不意

假痴 → 偽裝的假象 → 表象 → 迷惑對手

真？ 假？

如何破解「假痴不癲」之計？

當遇到使人疑惑的行為或言語時，首先要保持冷靜與理性，不要輕易相信對方表面的行為。同時透過深入的分析，識別對方的真實意圖。

如同「雲下有雷」，表面看似將有狂風暴雨來襲，但也可能只是雷聲大、雨點小。「象」的千變萬化是為了掩飾其真實的意圖，進而尋找出手的機會。面對這種難以判斷真假的局面時，應適時按兵不動。

對方若實施「假痴不癲」之計，目的在於製造假象，從而伺機發動突襲。遇到這類情況時，可採取「反其道而行」的策略，使對方無法準確判斷我方的真實意圖。

並戰計

28 上屋抽梯

原文
　　假之以便，唆之使前，斷其援應，陷之死地。遇毒，位不當也。

　　按語：唆者，利使之也。利使之而不先為之便，或猶且不行。故抽梯之局，須先置梯，或示之以梯。如慕容垂、姚萇諸人慫秦苻堅侵晉，以乘機自起。

譯文
　　假借為對手創造便利條件，以誘導他們深入前進，然後趁機切斷其後援之路，陷其於死地。這是從《易經·噬嗑卦》中悟出的道理，敵人往往因貪圖眼前利益而上當受騙。

　　按語：「唆」，即是用利益來驅使、引誘敵人。如果僅以利益誘惑，卻未能同時提供實際的便利條件，敵人便會猶豫不前。因此，若要採用「上屋抽梯」之計，必須先為對方設置梯子，或讓對方看到梯子的存在。

　　歷史上就有類似的例子：前秦的慕容垂與姚萇表面上附和苻堅，慫恿他發兵攻打東晉。苻堅在淝水之戰大敗後，慕容垂與姚萇便趁機稱帝立國。

啟示
　　《易經·噬嗑卦》六三〈象〉曰：「遇毒，位不當也。」這意味著，當「陰」處於「陽」的位置，象徵時機未到或所處不當。若在此情況下仍盲目貪圖眼前小利，將極其危險，必將陷入絕境。「位不當也」告誡我們，當自身能力與所處位置或應擔負的責任不匹配時，必須深刻自我反省並努力提升。

　　「吃碗裡，看碗外」的自不量力行為，最終必將沒有好結果。「上屋抽梯」之計，正是透過製造「便利」誘敵深入屋內，隨後切斷其後路，將其圍困殲滅。這啟示我們在現實生活中，不僅要審時度勢，還需理性客觀地看待問題，善加利用資源，並學會借力使力。這些智慧有助於我們更好地應對各種挑戰，提升自身的智慧與謀略。

總結：能夠抵擋住「誘」的人，貴在了解自己，並善於駕馭容易被利誘的「另一個自己」。

「上屋抽梯」是讓人反思自我的計謀。

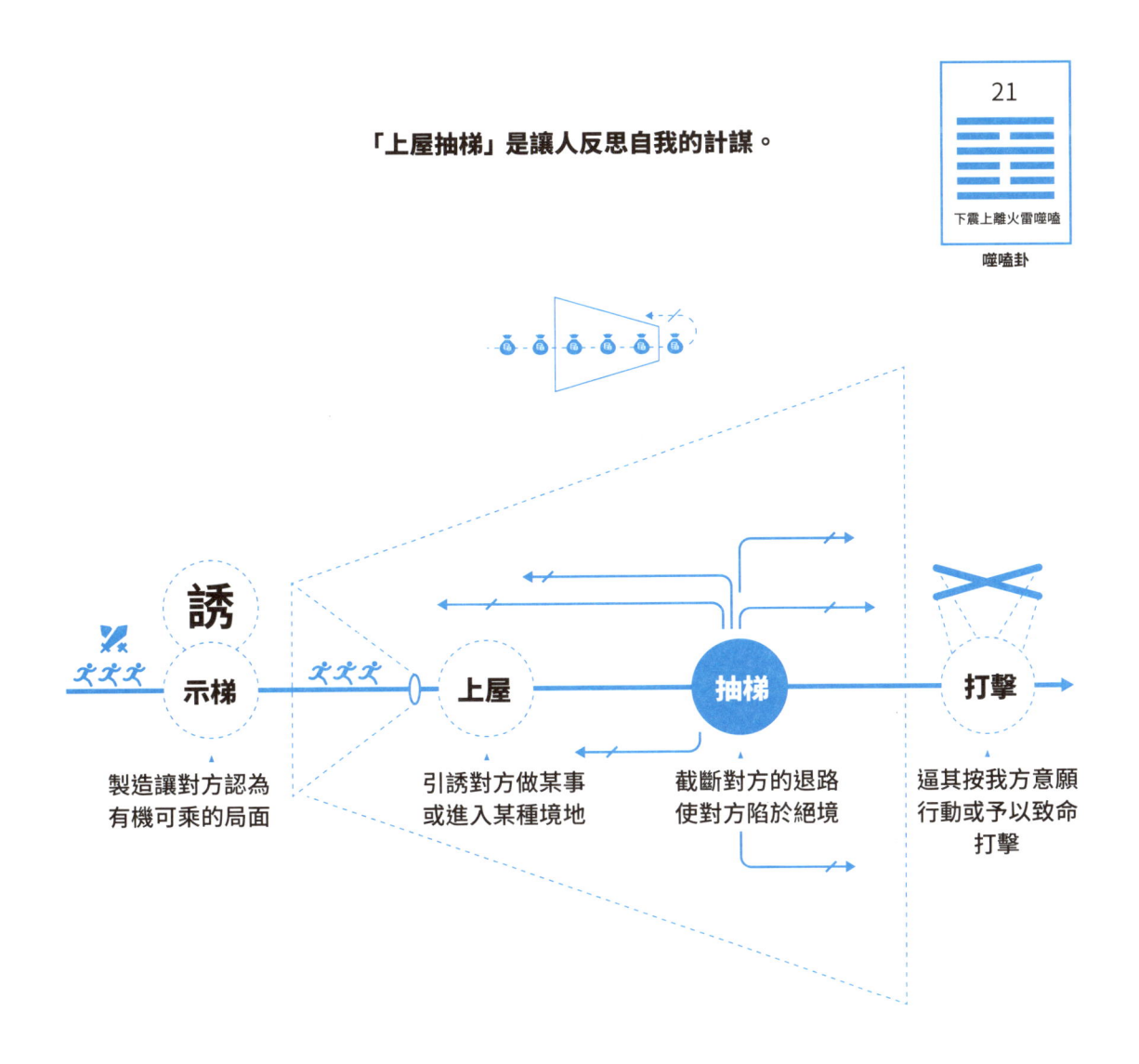

```
        21
   ䷔
下震上離火雷噬嗑
   噬嗑卦
```

誘

示梯	上屋	抽梯	打擊
製造讓對方認為有機可乘的局面	引誘對方做某事或進入某種境地	截斷對方的退路使對方陷於絕境	逼其按我方意願行動或予以致命打擊

如何破解「上屋抽梯」之計？

強者之所以強，在於其內心的剛正不阿。這並不表示他不受誘惑所動，而是他能看見自己人性中的弱點，且能夠駕馭與克服那些弱點，而非被弱點牽著走或被情緒所擾，這才是真正的強大之源。

多數情況下，戰爭源於利益的爭奪；博弈也是源自利益的衝突。而真正決定輸贏的，是誰能在關鍵時刻禁得住誘惑、駕馭人性。

正常情況下，一旦成為對手的「甕中之鱉」，便只剩下求生一途。能在絕境中脫困者，往往非等閒之輩。

59

29 樹上開花

並戰計

原文：借局布勢，力小勢大。鴻漸于陸，其羽可用為儀也。

按語：此樹本無花，而樹則可以有花，剪綵貼之，不細察者不易覺。使花與樹交相輝映，而成玲瓏全域也。此蓋布精兵於友軍之陣，完其勢以威敵也。

譯文：藉助多方力量形成合力之局來布置陣勢，使原本處於劣勢的情況轉化為氣勢浩大之態。這是從《易經‧漸卦》中所悟出的道理，如同鴻雁飛到山上，落下的羽毛可以用做裝飾，增加場面的莊嚴與氣氛。

按語：這棵樹本來沒有花，但人們可以透過人為方式使其開花，將彩色綢絹剪成花朵黏在樹上，不仔細看便難以察覺，讓花與樹相互映襯，營造出巧奪天工的整體感。這就好比在友軍的陣地上部署精兵，進一步鞏固並完善陣勢，以此營造出強大氣勢來威懾敵人。

啟示：《易經‧漸卦》上九爻辭曰：「鴻漸於陸，其羽可用為儀，吉。」這意指大雁漸漸飛到高聳的山頂，其羽毛可用來製成典禮用的裝飾，象徵吉祥與莊嚴。人們由此領悟，「氣勢」是可以人為塑造的。透過巧妙的安排或偽裝等手段，創造出本來不存在的元素，或將普通事物包裝得富有氣勢，以此達到迷惑對手、震懾敵人的目的。

具體實施這項計謀時，通常需要藉助有利的外在條件或情勢，例如借用友軍的陣地，或採用其他迷惑敵人的手段，藉此布置成有利的陣型。如此一來，雖然實際戰力未必足以抗衡敵軍，但憑藉這種布局與氣勢，仍能夠造成敵人的困擾和誤判。

簡而言之，「樹上開花」之計是透過借力某種局面或手段，以假亂真，震懾迷惑對手，從而達成自身目的。

總結：用「實事求是」的態度來檢視自己，定期審查你做的事情，只要不違反客觀事實和規律即可。

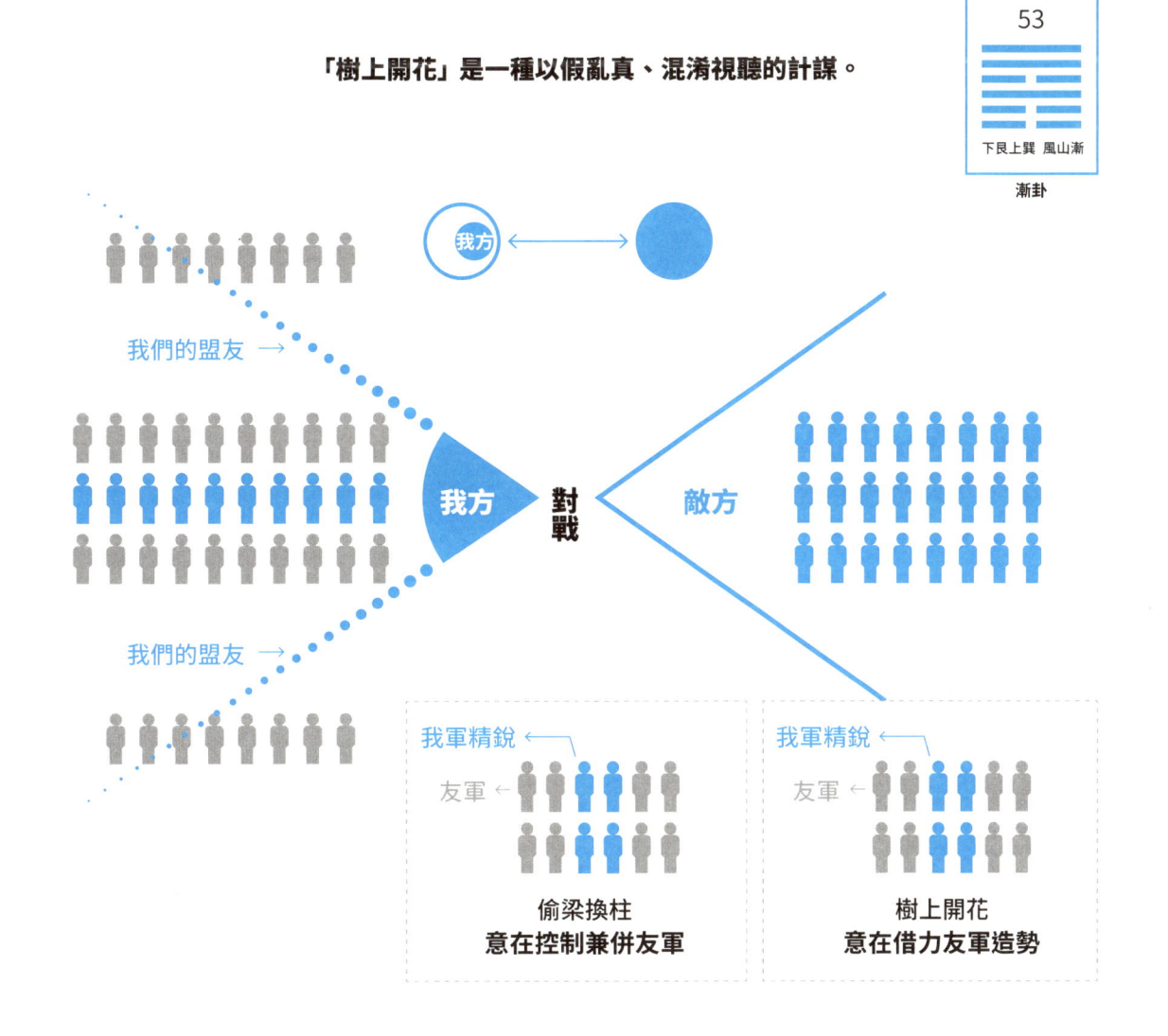

「樹上開花」是一種以假亂真、混淆視聽的計謀。

53

下艮上巽 風山漸

漸卦

我方 ⟷

我們的盟友 →

我方 對戰 敵方

我們的盟友 →

我軍精銳 ←
友軍 ←

偷梁換柱
意在控制兼併友軍

我軍精銳 ←
友軍 ←

樹上開花
意在借力友軍造勢

如何破解「樹上開花」之計？

虛虛實實，真真假假，不可僅憑臆想或憑空猜測來做判斷，應該透過一些手段，例如偵察工作或派遣間諜等，以探查敵方的真實情況。對所見所聞抱持質疑的態度，才是良好的思維習慣。

「樹上開花」、「瞞天過海」、「借刀殺人」等計謀，皆具有製造假象、混淆視聽的共通特點。可以利用對應的計謀來破解，如「反間計」等。

在生活與工作中，學習的最終目的是為了提升認知。一來幫助我們客觀地檢視自己的行為是否違背了常理；二來是幫助我們更精確地分辨真假對錯。

30 反客為主

並戰計

原文

乘隙插足，扼其主機，漸之進也。

按語： 為人驅使者為奴，為人尊處者為客，不能立足者為暫客，能立足者為久客，客久而不能主事者為賤客，能主事則可漸握機要，而為主矣。故反客為主之局：第一步須爭客位；第二步須乘隙；第三步須插足；第四步須握機；第五步乃成為主。為主，則並人之軍矣，此漸進之陰謀也。如李淵書尊李密，密卒以敗；漢高視勢未敵項羽之先，卑事項羽，使其見信，而漸以侵其勢，至垓下一役，一舉亡之。

譯文

設法利用對手的漏洞或空隙，適時介入，扼住其要害，穩紮穩打地向前推進。這是從《易經・漸卦》中悟出的道理。

按語： 受人驅使者為奴，受人尊敬者為客。不能穩住腳步者，只是暫時的過客；能夠穩住腳步者，才是得以長留的客人。若作為客人時間久了，卻始終無法參與主事，便只能淪為地位卑下的賓客；反之，若能成為擁有決定權的一份子，便有機會逐漸掌握大權，從而反客為主。

反客為主的局勢並非一蹴可幾，而是循序漸進形成：第一步，必須爭取到客位；第二步，必須善於把握機會；第三步，設法插手參與實際事務；第四步，逐漸擴展影響力並掌握大權；第五步，最終坐上主位，主導整體局勢。

成功「反客為主」後，便能進一步併吞他人的軍隊。這是一種逐漸推進的陰謀與策略。例如，李淵致信李密，表面上對其表達尊重，實則暗中圖謀。李密未能洞察其中危機，最終敗於李淵手下。漢高祖在實力不如項羽的情況下，謙恭地對待項羽，使其放鬆警惕，並暗中逐步削弱其力量，最終在垓下一戰中，一舉消滅了項羽。

啟示

《易經・漸卦》的〈象〉曰：「漸之進也。」意指凡事應當穩紮穩打、循序漸進。「反客為主」即在戰爭或競爭中，巧妙利用各種機會和手段，由被動轉為主動，占據主導地位。

《孫子兵法・虛實篇》中提到：「故善戰者，致人而不致於人。」這就是讓原來的對手陷入被動，從而達到自身目的。「反客為主」之計的精髓在於奪取主動權，將不利轉為有利。

在日常生活與工作中，面對競爭和挑戰時，我們應先善於發現並利用對手的疏忽、弱點或破綻，藉機改變局勢走向；其次要有主動掌控力，才能控制局勢發展；同時需穩紮穩打，循序漸進地行事。此外，「反客為主」可與「假痴不癲」、「偷梁換柱」及「調虎離山」等計策靈活組合運用。

總結： 反客為主目的是打破原來的平衡，增強自己的力量，同時削弱對手的力量。

「反客為主」是奪取主動權、轉不利為有利的計謀。

```
53
下艮上巽 風山漸
漸卦
```

「反客為主」的局勢形成過程

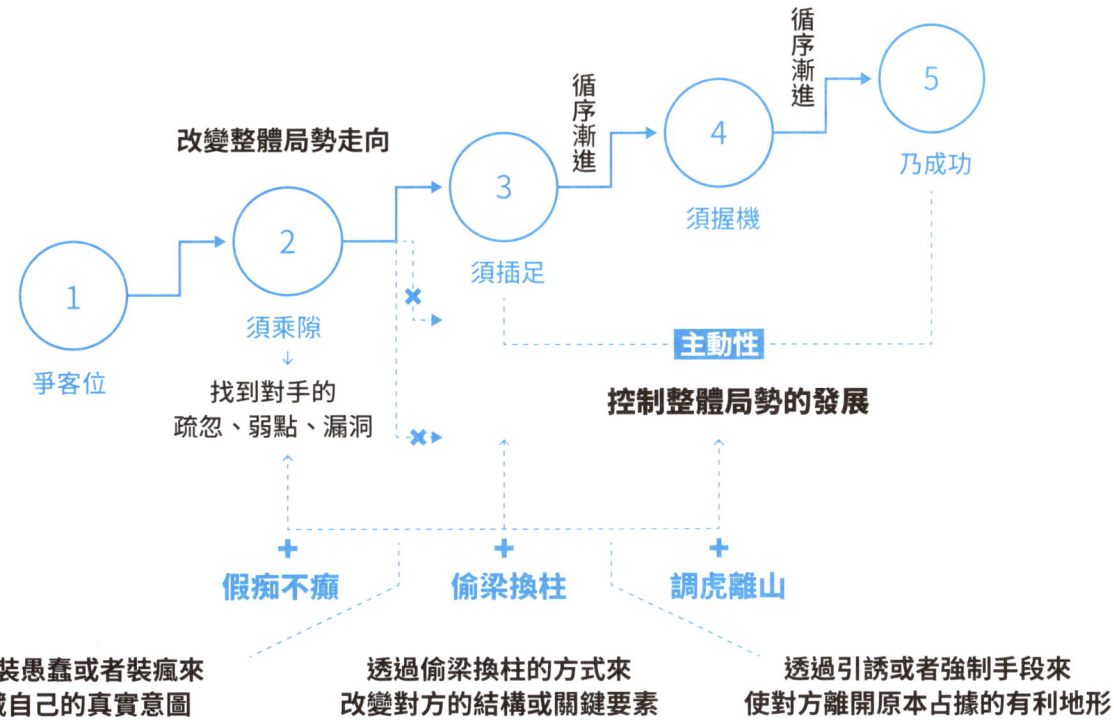

1 爭客位 → 2 須乘隙 → 3 須插足 → 4 須握機 → 5 乃成功

2：找到對手的疏忽、弱點、漏洞
改變整體局勢走向

循序漸進　循序漸進

主動性：控制整體局勢的發展

+ **假痴不癲**：透過裝愚蠢或者裝瘋來隱藏自己的真實意圖

+ **偷梁換柱**：透過偷梁換柱的方式來改變對方的結構或關鍵要素

+ **調虎離山**：透過引誘或者強制手段來使對方離開原本占據的有利地形

如何破解「反客為主」之計？

「害人之心不可有，防人之心不可無。」這句話提醒我們，在面對紛繁複雜的環境時，做人要藏心、做事要留心。

仔細觀察和分析對方的行動與言辭，若發現對方有意透過假象誘導我方做出錯誤的決策時，就要立即採取防範措施，以免落入陷阱。

若對手有意實施「反客為主」之計，可設法轉移其注意力，使其無法集中精力完成策略部署。

31 美人計

敗戰計

原文

兵強者，攻其將；將智者，伐其情。將弱兵頹，其勢自萎。利用禦寇，順相保也。

按語： 兵強將智，不可以敵，勢必事之。事之以土地，以增其勢，如六國之事秦，策之最下者也。事之以幣帛，以增其富，如宋之事遼金，策之下者也。惟事之以美人，以佚其志，以弱其體，以增其下之怨。如勾踐以西施重寶取悅夫差，乃可轉敗為勝。

譯文

面對實力強大的對手時，應針對其將帥發動攻勢；當對手的將帥足智多謀時，則要設法動搖其鬥志。待其將領意志衰退、兵卒士氣渙散時，其整體戰力便會萎縮。這是從《易經‧漸卦》中領悟的道理，若能用此法來抵禦對手，就能有效保存己方實力。

按語： 當敵方兵力強盛、將帥又足智多謀時，不宜與其為敵，此時應考慮採取「和」的策略。然而，割讓土地求和會增強對方實力，如同戰國時期六國不敵秦國而紛紛割地，此乃下策。若以金錢、綢緞換取和平，則會增加對方財富，就像宋朝向遼、金輸金送銀一樣，亦非上策。唯有以美色換取對方將帥的歡心，消磨其意志與體力，同時加深其與部屬之間的怨恨，方可轉敗為勝。就像越王勾踐將西施與貴重珍寶進獻給吳王夫差，使其沉溺於聲色犬馬之中，導致國政荒廢、軍心渙散，最終讓越國得以轉敗為勝。

啟示

《易經‧漸卦》中九三爻〈象〉曰：「利用禦寇，順相保也。」這意指有利於抵禦敵人，順利地保衛自己。美人計正是運用這道理，利用敵人自身的嚴重缺點，順勢應對，使其自行衰敗損傷，我方則趁勢一舉得勝。

「美人計」是運用人性弱點的一種心理戰術，透過操縱和誘惑對手，使對手產生情感波動與慾望，從而削弱其戰鬥力與意志，最終達到戰勝敵人的目的。其核心思想是利用美色和柔情等手段，使敵方將士沉迷於女色之中，喪失鬥志和警戒，進而達成自己的戰略目標。例如在《大明王朝1566》中，嚴世蕃的學生、翰林院才子高翰文，僅憑佳人彈奏的一曲〈廣陵散〉，便輕易落入沈一石設下的圈套。

在日常生活與工作中，我們需要尊重每個人的個性，理解人各不同、各有千秋。但同時也要保持開闊的心態，時刻提醒自己，避免片面地理解他人。

總結： 萬物各有其獨特之處，使世界呈現出萬象繁多的樣貌。萬物之性有陰有陽，若能善加利用，這些多樣性皆可為我所用；反之，若處理不當，萬象也可能反過來傷害自身。

「美人計」是一種利用人性的弱點和慾望，
以及心理上的攻防戰術來達到自己目標的計謀。

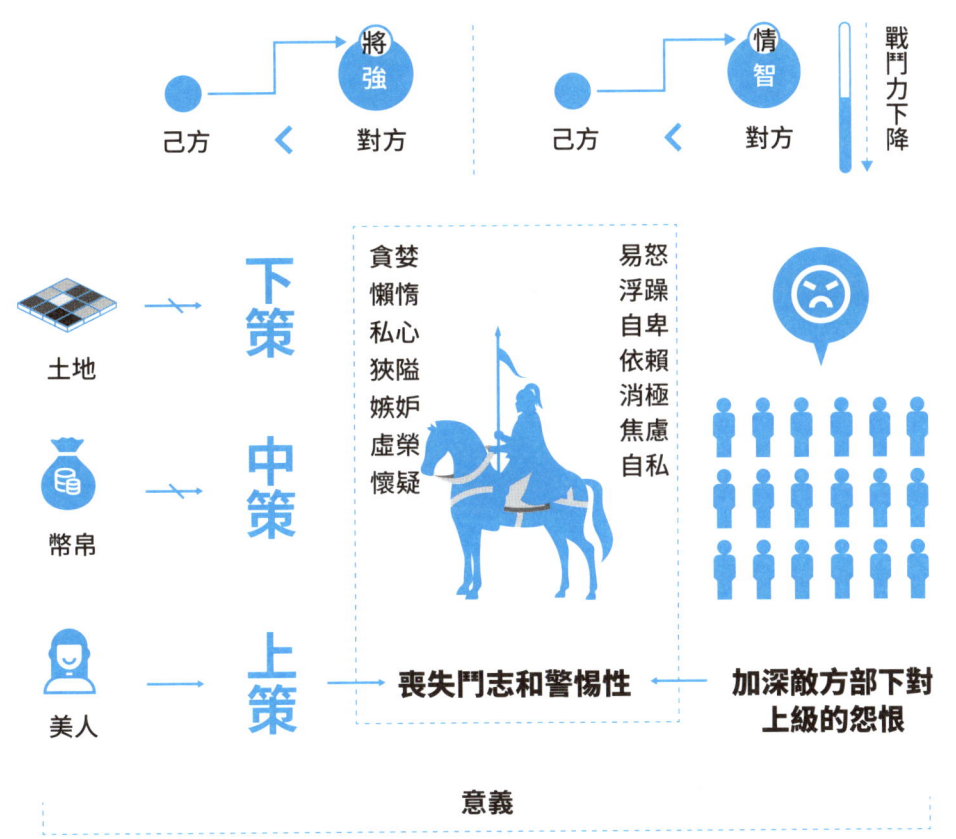

53
上巽下艮 風山漸
漸卦

己方 < 對方（將強）　　己方 < 對方（情智）　戰鬥力下降

下策 ← 土地
中策 ← 幣帛
上策 ← 美人

貪婪　易怒
懶惰　浮躁
私心　自卑
狹隘　依賴
嫉妒　消極
虛榮　焦慮
懷疑　自私

喪失鬥志和警惕性 ← 加深敵方部下對上級的怨恨

意義

手段──利用人性的弱點和慾望，展開心理上的攻防戰術

如何破解「美人計」？

以計解計，將計就計。若發現對手使用「美人計」，可以運用「反間計」，讓對方誤以為我方已經上當受騙，進而放鬆警惕，暴露出自己的弱點。

培養並構建自己的全局思考與系統思維，凡事避免以偏概全，面對人性本能上的誘惑時，更要時時刻刻地反求諸己。

世間萬物皆有其性，因此世界才展現出千變萬化的面貌，構成人類文化與社會發展的基礎。性有陰陽之分，其優點在於造就無窮變化與生命力，其缺點亦在於變化無常、難以掌控。

32 空城計

敗戰計

原文

虛者虛之，疑中生疑；剛柔之際，奇而復奇。

按語： 虛虛實實，兵無常勢。虛而示虛，諸葛而後，不乏其人。如吐蕃陷瓜州，王君㚟死，河西恟懼。以張守珪為瓜州刺史，領餘眾，方復築州城。版幹裁立，敵又暴至。略無守禦之具。城中相顧失色，莫有鬥志。守珪曰：「徒眾我寡，又瘡痍之後，不可以矢石相持，須以權道制之。」乃於城上置酒作樂，以會將士。敵疑城中有備，不敢攻而退。又如齊祖珽為北徐州刺史，至州，會有陳寇，百姓多反。珽不關城門。守陴者，皆令下城，靜坐街巷，禁斷行人，雞犬不亂鳴吠。賊無所見聞，不測所以，或疑人走城空，不設警備。珽復令大叫，鼓噪聒天，賊大驚，頓時走散。

譯文

當兵力空虛時，可以展示防備薄弱的表象，讓對手陷入重重猜忌。戰爭中的虛實結合，如同《易經・解卦》所說的剛柔相濟，能產生出奇制勝的功效。

按語： 用兵之道講究虛實變化，沒有固定模式。故意顯示空虛的「空城計」自諸葛亮使用後，被歷代將帥廣泛運用。例如，唐代吐蕃攻陷瓜州，守將王君㚟戰死，河西地區百姓驚恐萬分。當時朝廷任命張守珪為瓜州刺史，率領僅存殘餘部隊重新修築州城。城牆剛修好，敵人便突然來襲。當時城中毫無防禦武器，城中將士面面相覷，已無戰鬥勇氣。張守珪見狀說道：「敵眾我寡，又逢我軍傷痕累累，不可以弓箭、滾石硬拚，必須用奇計制服。」於是在城上設置酒宴奏樂，招待將士。敵人懷疑城中設伏，不敢攻城而退兵。另一個例子是北齊的祖珽。他初任徐州刺史時，便遇陳軍入侵，百姓多有叛心。祖珽下令不關城門，守城士兵下城安靜坐在街巷中，禁止行人通行。全城陷入一片死寂，雞犬聲不聞。陳軍看不見也聽不著任何事物與聲音，因此懷疑人早已撤離，只剩空城。祖珽一聲令下，士兵齊聲大喊，鼓聲震天，陳軍大驚，頓時潰散而逃。

啟示

《易經・解卦》中初六爻〈象〉曰：「剛柔之際，義無咎也。」這意味著，陰陽剛柔之間的調和與配合，若能得當，便可趨吉避凶。此計正是運用此道理，以剛柔兼施、虛實交錯之道，創造出多變且靈活的作戰方式，使敵人難以捉摸、無從判斷。其精髓亦可參見《孫子兵法・虛實篇》中的相關論述。

「空城計」本質上與「美人計」相同，都屬於心理戰。兩者皆透過虛實結合的策略來掩飾我方真實力量，同時讓對手心生疑惑，從而不敢輕舉妄動。

在日常生活與工作中，我們同樣可運用這種心理戰術來達到目的。例如，在商業談判中，可運用虛實結合的策略，讓對方感受到我方的優勢和實力，從而增加談判籌碼。此外，我們還應注意隱藏自己的底牌，不輕易暴露弱點和意圖，以避免被他人操控或利用。

總結： 此計僅是暫時的權宜之計，並非長久之策或最終目標。必須小心對手捲土重來，防範對手的「回馬槍」。

「空城計」是一種結合虛實，讓對手疑且不敢攻，從而化險為夷的計謀。

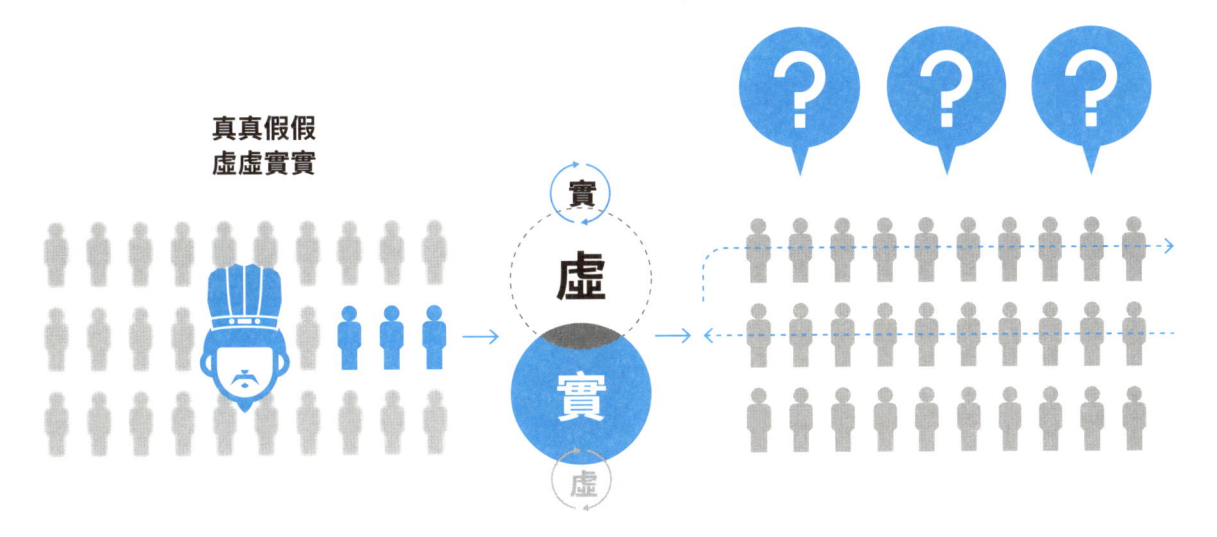

40

下坎上震 雷水解

解卦

真真假假
虛虛實實

實
虛
實
虛

「空城計」的思維路徑

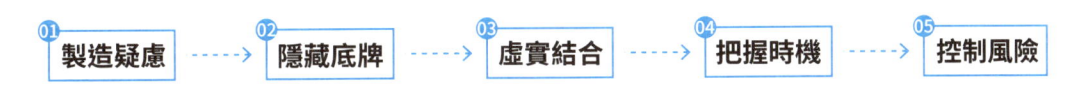

① 製造疑慮 ---> ② 隱藏底牌 ---> ③ 虛實結合 ---> ④ 把握時機 ---> ⑤ 控制風險

亂其心、擾其志　　藏弱點、無把柄　　虛中有實、實中有虛　　找機會、再行動　　高風險、高回報

如何破解「空城計」？

此計的重點在於隱藏自身的實力與真正意圖，讓對手無法掌握真實的情況，在現實生活中也是如此，不可輕易暴露自己的弱點與想法，切記「防人之心不可無」。

我們應該預設潛在風險有哪些，評估這些風險發生的機率有多大、影響有多深。然後，在我們能承受的風險範圍內才行動，切勿衝動盲目地做出決策。

俗話說「事出反常必有妖」，必須小心那些不尋常的狀況，因為背後可能藏著更深的陷阱。這種擔心必定會影響我們的判斷力，所以事前一定要做好情報蒐集，也可以配合使用「反間計」。

67

33 反間計

敗戰計

原文

疑中之疑。比之自內,不自失也。

按語：間者,使敵自相疑忌也；反間者,因敵之間而間之也。如燕昭王薨,惠王自為太子時,不快于樂毅。田單乃縱反間曰：「樂毅與燕王有隙,畏誅,欲連兵王齊,齊人未附。故且緩攻即墨,以待其事。齊人唯恐他將來,即墨殘矣。」惠王聞之,即使騎劫代將,毅遂奔趙。又如周瑜利用曹操間諜,以間其將；陳平以金縱反間于楚軍,間范增,楚王疑而去之,亦疑中之疑之局也。

譯文

當敵人已心生疑慮時,我們應再設一層疑陣,使其更加困惑難辨。這是從《易經·比卦》中領悟的道理：將敵人派來的「間諜」巧妙地為我所用,便能避免因內奸而遭受損失。

按語：「用間」是指利用間諜使敵人內部互相猜疑、忌恨；而「反間」則是利用敵方派來的間諜去離間敵人的計謀。

歷史上,燕昭王死後,其子惠王在做太子時,對大將樂毅很不滿。齊國的田單便施展反間計,散布謠言說：「樂毅與燕王有隔閡,他害怕惠王即位後自己會被殺害,所以想聯合齊國進攻燕國。但齊國並不信任樂毅,因此暫時放緩了對即墨的進攻,等待惠王即位。齊國擔心燕王會派別的大將來攻打,如此,即墨城很快就會被攻陷。」惠王聽信了謠言,便任命騎劫代替樂毅為將,樂毅只好逃到趙國。

此外,周瑜也曾利用曹操的間諜,成功離間了曹操的將領；陳平則以金子收買楚軍間諜,挑起楚懷王對范增的不信任,最終導致范增離軍,楚軍戰力大減。這些都是反間計成功的範例。

啟示

《易經·比卦》六二爻辭曰：「比之自內,貞吉。」〈象〉曰：「比之自內,不自失也。」意思是利用對手派來的「間諜」來為自己傳達資訊、服務於我,是不會產生損失的。

《孫子兵法·用間篇》中提到：「故用間有五：有因間、有內間、有反間、有死間、有生間。五間俱起,莫知其道,是謂神紀,人君之寶也。」其中「反間」非常重要,這是利用敵國間諜作為「間」,收買敵方間諜為我所用。反間諜往往藏得最深,也掌握最多情報。

「反間計」有兩層意思：一是透過收買、利誘對方間諜,誘使敵方內部產生矛盾紛爭,製造疑慮惑亂敵方軍心,從而達到瓦解敵方軍隊的目的。二是透過提供虛假資訊或誤導性情報,來誤導對手做出錯誤的決策和行動。

「反間計」是一種多變且靈活的策略,需要依據時勢變化來應變,非常考驗智謀與心機。

總結：謀畫事情時應保持沉靜,不被外界動搖,不露聲色,悄無聲息地推動事務,讓人摸不透你的想法,也猜不著你接下來的行動。

「反間計」是隱藏得最深、掌握最多情報
且十分耗費腦力的計謀。

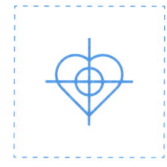

08
下坤上坎 水地比
比卦

反間計 ─┬─ 收買對方間諜 ┄┄> 💰 → 直接獲取或製造混亂與矛盾
　　　　└─ 假裝沒有發覺間諜 ┄┄> 👁 → 提供虛假資訊或誤導性情報

攻心為上	操縱資訊	誘導欺騙	製造矛盾
反間計是一種以心理戰為主要手段的策略，透過讓敵方間諜產生混亂、懷疑、恐懼等心理反應，使其為我方所用，或者使敵方內部產生矛盾和分裂。	反間計常常涉及資訊的操縱和欺騙。透過傳遞虛假資訊或者誤導性的情報，使敵方間諜產生錯誤的判斷和行動，從而為我方創造機會或製造敵方內部的混亂。	反間計常常需要透過誘導或欺騙來達到目的。可能涉及的手段包括：獎勵、威脅、利誘、欺騙等，以吸引敵方間諜上鉤，使其為我方所用。	反間計經常透過製造敵方內部的矛盾和分裂來實現目標。可能涉及的手段包括：離間、挑撥、煽動等，使敵方內部產生不和或分裂，從而為我方創造機會或製造敵方內部的混亂。

如何破解「反間計」？

用兵講究虛實的變化，「用間」亦然，需在真假之間反覆運用，要能從「疑中之疑，疑中還有疑」的層層迷霧中抽絲剝繭，不僅需要充足的腦力，更要耐得住考驗。

以計解計、將計就計，避免與對手正面衝突，採取「以逸待勞」的策略，穩定內部力量，使敵人難以乘虛而入，提高對手進攻的難度。

運用系統思維來觀察對手的決策，透過分析其中的利益關係，避免被對方的計謀所矇騙，保持冷靜與理性，才能做出正確的判斷與抉擇。

34 苦肉計

敗戰計

原文

人不自害，受害必真。假真真假，間以得行。童蒙之吉，順以巽也。

按語： 間者，使敵人相疑也；反間者，因敵人之疑，而實其疑也；苦肉計者，蓋假作自間以間人也。凡遣與己有隙者以誘敵人，約為回應，或約為共力者，皆苦肉計之類也。如鄭武公伐胡而先以女妻胡君，並戮關其思；韓信下齊而酈生遭烹。

譯文

人通常不會主動傷害自己，若受到傷害，則必然會歸咎於他人。如果我們能將真實事件偽裝成假象，將虛假之事包裝得如同真實，讓敵人深信不疑，便能成功施展離間計。這是從《易經・蒙卦》中領悟的道理：使用此計時，要像對待天真孩子一樣對待對手，順著對手的弱點來達到我方目的。

按語： 離間，是挑動敵方內部的不信任，使內部產生隔閡與猜忌；反間，則是利用敵人內部的猜疑，趁勢而為，進一步加深其內部矛盾；苦肉計，則是藉由假造自己內部有矛盾，從而離間敵人。凡是利用自家內部看似有矛盾的人去接近敵人，假意投誠、暗中設伏，或約定裡應外合的行動，都可歸為苦肉計。例如，春秋時期鄭武公出兵討伐胡國，先以聯姻之名將女兒嫁給胡君，並殺掉提出異議的大臣關其思，使胡君相信其誠意，最終成功攻破胡國；又如漢初名將韓信攻打齊國，導致酈食其慘遭烹殺，這也是離間計的例子。

啟示

《易經・蒙卦》六五爻〈象〉曰：「童蒙之吉，順以巽也。」意思是，幼稚蒙昧的人之所以吉祥，是因為其性情柔順。「苦肉計」正是運用〈蒙卦〉的象理，即順著對手的弱點來達到自己的目的。

苦肉計的運作邏輯，在於違反常理以換取信任。人們通常不會主動傷害自己，因為自我保護是人的本能之一。人類在進化過程中，逐漸形成了保護自己、避免受傷的機制，在面對危險或潛在傷害時，會自動採取措施來保護自己，例如：避免接觸有害物質、遠離危險場所等。一旦違背這種「常理」，反而能博得對方的信任。不過，此計屬於極端行為，務必謹慎使用。

除此之外，人性中還有其他常見的弱點，例如恐懼、炫耀心理、偏見等。在實施苦肉計時，需要考慮以下前提條件，如：對方的性格、文化背景、環境因素等，從而制定出更加精準有效的策略。

總結： 總結來說，「思危」（預見危險）、「思退」（考慮退路）、「思變」（尋求變化）這三種意識，可作為應對複雜局勢的通用思考法，幫助人們更有效地理解並解決問題。

「苦肉計」是利用違背本能來騙取對手信任，從而達成目標的計謀。

04
下坎上艮 山水蒙
蒙卦

手段：人不自害
目的：欺騙對手

離間 —目的→ 互相猜疑

反間 —目的→ 疑上生疑

假裝內鬥或傷害自己 → 信以為真 → 互相猜疑
手段　　　　　　　　　目的　　　　　目的

這項計謀是透過傷害自己、裝可憐、賣慘等違背人們本能、常識、習慣的方式來迷惑對手，導致對方最後得出的結論，與事實真相完全相反。

如何破解「苦肉計」？

在日常生活與工作中，遇到不符合常理的問題時，不妨多加思考，不要輕易被對方的「自我傷害」行為或刻意的表演所迷惑或影響，應保持情感上的冷靜與理智。

想識破對手的「苦肉計」陷阱，須了解其背後的真實意圖與目的，分析其中的利益關係。如果發現對手正在使用「苦肉計」，要及時揭露並加以制止。

若需「以計解計」，亦可採取反向策略，讓對方相信我方同樣正在使用「苦肉計」，藉此混淆視聽、迷惑對手，使其無法判斷我方的真實目的。

35 連環計

敗戰計

原文

將多兵眾，不可以敵，使其自累，以殺其勢。在師中吉，承天寵也。

按語：龐統使曹操戰艦勾連，而後縱火焚之，使不得脫。則連環計者，其結在使敵自累，而後圖之。蓋一計累敵，一計攻敵，兩計扣用，以摧強勢也。如宋畢再遇嘗引敵與戰，且前且卻，至於數四。視日已晚，乃以香料煮黑豆，布地上。復前搏戰，佯敗走。敵乘勝追逐。其馬已饑，聞豆香，乃就食，鞭之不前。遇率師反攻，遂大勝。皆連環之計也。

譯文

當對手兵力強大時，不應與其硬碰硬，而應設法讓他們內部相互牽制，以削弱其勢力。這是從《易經・師卦》中領悟的道理，即將帥用兵得法，指揮巧妙得當，就如同得到神明相助。

按語：「連環計」的關鍵在於使敵人自相牽制，隨後再進行攻擊。如同三國時期的龐統曾經獻計周瑜，誘使曹操將戰船連在一起，然後縱火焚燒，使曹軍無法逃脫。前一計謀造成敵人互相牽制，後一計謀則趁勢進攻，兩種計謀交替使用，就能摧毀強大的敵人。又如南宋名將畢再遇曾引誘敵人前來作戰，他時而前進、時而後退，如此反覆多次。等到太陽下山時，他便將煮過香料的黑豆撒在地上，隨後再次與敵軍搏鬥，並假裝戰敗逃走。敵人乘勝追擊，但他們的戰馬因飢餓聞到豆香，便停下來啃食，即便鞭打也不肯前進。此時，畢再遇率領軍隊反攻，最終大獲全勝，這便是「連環計」的巧妙運用。

啟示

《易經・師卦》九二爻〈象〉曰：「在師中吉，承天寵也。」意思是將帥只要堅守正道，便能招來吉祥運勢，並會受到上天眷顧。「連環計」正是運用此象理，強調將帥用計時，必須環環相扣、步步為營。

《兵經》有言：「大凡用計者，非一計之可孤行，必有數計以裹之也。以數計裹一計，由千百計煉數計，數計熟則法法生。」這段話的意思是：用計策不能只靠一個計謀，必須有多個計策互相配合。從成千上萬個計謀中提煉出數個關鍵計謀，使其互相支援。一旦熟練之後，計謀便會層出不窮。其核心是同時運用多個計謀（例如：一計消耗敵人，一計攻打敵人），使敵人深陷相互牽制與混亂之中，最終喪失主動權、陷入敗局，從而達成我方的勝利。

同理，我們在面對問題和困難時，應該採取策略性的思考方式，制定出多階段、多環節的解決方案，以達到最終目標。這種思考方式能幫助我們在面對複雜問題時，更全面地分析情勢，找到最佳的解決方案。

總結：如前文所述，《三十六計》是「計與計」的靈活組合，可依據時機、地勢、人物、事態的不同，靈活調整應對策略，形成一套動態而實用的制勝之道。

「連環計」是多計並用，計計相連的計謀。

07

下坎上坤 地水師

師卦

累敵

使敵人自相牽制，削弱其戰鬥力

分散敵人力量	使敵人內部矛盾	使敵人陷入困境	使敵人失去民心
透過策略性行動或虛張聲勢等手段，分散敵人的兵力，使其無法集中優勢兵力進行攻擊。	運用離間、策反等手段，在敵人內部製造矛盾或不和，使其無法團結一致，削弱其整體戰鬥力。	透過誘敵深入、圍城等手段，將敵人引誘到預設的戰場或陷阱中，使其無法自由行動，難以發揮原有優勢。	透過破壞敵人的形象、散布謠言等手段，讓敵人在群眾中的聲望受損，從而失去民心與支持。

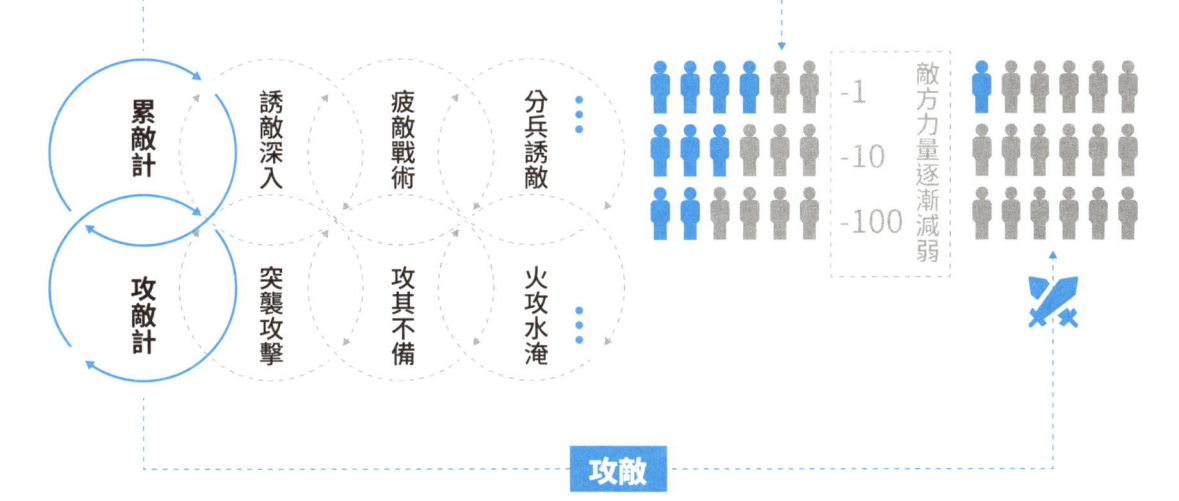

累敵計：誘敵深入、疲敵戰術、分兵誘敵

攻敵計：突襲攻擊、攻其不備、火攻水淹

敵方力量逐漸減弱　-1　-10　-100

攻敵

為我方創造有利的條件，並取得勝利。

如何破解「連環計」？

以計解計，運用「反間計」來破壞對手的計畫。例如，透過掌握其內部的矛盾與不和之處，來製造假象或傳遞虛假資訊，使對方內部相互猜忌或內訌。

若遇此類計謀，應逐一拆解與分析對手的「連環計」，仔細檢視每一個計策環節之間的關聯與影響，設法找出其中的關鍵點與破綻。

在日常生活與工作中，若發現自己的精力持續消耗，或內部團隊已產生明顯的內耗傾向時，必須及時止損，才能有效避免不必要的風險產生。

36 走為上計

敗戰計

原文

全師避敵。左次無咎，未失常也。

按語： 敵勢全勝，我不能戰，則必降、必和、必走。降則全敗，和則半敗，走則未敗。未敗者，勝之轉機也。如宋畢再遇與金人對壘，度金兵至者日眾，難與爭鋒。一夕拔營去，留旗幟於營，豫縛生羊懸之，置其前二足於鼓上，羊不堪倒懸，則足擊鼓有聲，金人不覺為空營。相持數日，乃覺，欲追之，則已遠矣。可謂善走者矣！

譯文

面對兵力遠勝於己的強敵時，最明智的做法就是全軍有計畫地撤退。這是從《易經·師卦》中領悟的道理：這種有計畫、有目的的退卻，並非膽怯逃亡，而是符合用兵原則的正常對策。

按語： 當敵人實力占優勢時，我方若勉強對抗，只會徒增損失，此時應考慮投降、求和或撤退三種策略。若選擇投降，等同於完全失敗；若選擇求和，則是失敗一半；而若選擇撤退，則我方尚未失敗，仍有轉敗為勝的可能。例如，南宋名將畢再遇在與金軍對峙時，考量到金軍實力強大且援兵日益增多，難以與之抗衡。於是他選擇在夜晚拔營離去，只在營地中留下旗幟，布置成假象，同時將活羊捆吊起來，把羊的前腿放在鼓上。羊因無法忍受懸掛的不適便會用腳擊鼓發出聲音。金國軍隊沒有察覺這是座空營，相持幾天後才發現，待想發兵追擊時，宋軍早已走遠了。

啟示

《易經·師卦》中〈象〉曰：「左次無咎，未失常也。」這是在強調審時度勢，意思是說，在軍事行動中，如果情勢不利，該撤退時就應該撤退，這樣才能避免危險，也不會違背行軍的常規。軍事家常說：「打得贏就打，打不贏就走。」《孫子兵法·謀攻篇》中也提到：「少則能逃之，不若則能避之。」這裡的「逃」和「避」，都需要在審慎評估局勢後做出決策，並非單純的逃跑。

為什麼說「有目的的撤退」不是逃跑呢？按語中已經給了答案。在日常生活與工作中，我們也要注意，當遇到強大的對手時，如果一味硬拚，往往只會損失慘重。因此，我們有三種選擇：一是投降認輸，然而一旦投降，就等於徹底失敗了；二是求和，雖然不是全盤皆輸，但也算失敗一半；三是「逃」與「避」：也就是前面提到的撤退。

為什麼撤退不算輸？原因是我方還有翻盤的機會。必須強調的是，這裡所說的撤退，並非被動或消極的逃避，而是經過深思熟慮、審時度勢後所做出的主動選擇。這是為下一步的進攻鋪路，是一種「以退為進」的智慧之舉。

總結： 撤退並不等同於失敗或放棄，而是基於對整個局勢的全面分析和判斷，做出的「主動選擇」。

「走為上」是一種以退為進，透過撤退來保存實力、
調整戰術、誘敵深入後轉敗為勝的計謀。

07

坤上坎下 地水師

師卦

100% 失敗 — 投降

50% 失敗 — 求和

0%=100% 失敗 / 實力保存 — 撤退

走為上策 不算失敗 → 主動選擇

在全局視角下，撤退並不意味著失敗或放棄，而是為了保存實力、
調整戰術、變換環境等，以達成最終的勝利。

比對敵我實力	判斷戰爭局勢	靈活的戰術	重視時間和空間
做決策前，必須全面分析和比較敵我雙方的實力。透徹了解我方及對手的優劣勢，才能有效制定戰略和戰術。	戰爭局勢瞬息萬變。「走為上計」要求我們全面觀察並分析戰情勢，掌握敵人的意圖和行動，同時評估我方能如何應對。	這項計策強調，打仗時戰術要靈活，並根據實際情況隨時調整。擁有靈活度才能適應戰爭中的變化，進而取得勝利。	在戰爭中，時間和空間是決定勝負的關鍵因素。「走為上計」要求我們巧妙安排時間和空間，以爭取最佳的戰鬥效果。

《三十六計》之「走為上計」的三個視角

避實擊虛：面對競爭時，不必正面迎擊對手的強項，應該主動尋找對手的劣勢或薄弱之處，將「以弱對強」的不利局面，轉化為「以強對弱」的局勢。

全局思維：在日常生活與工作中執行重要決策時，必須具備綜觀全局的思考能力。從長遠的角度規畫自己的發展，才能真正做到「能屈能伸」。

知彼知己：在生活或是職場上，我們都需要先充分了解自己與對手的實際狀況，才能制定出合適的策略，做到真正的「知彼知己，百戰不殆」。

附錄：來源典故

第一計　瞞天過海

　　計名出自《永樂大典·薛仁貴征遼事略》，典故來自薛仁貴出征高麗。唐太宗御駕親征，在要過海時，唐太宗懼怕海洋而不敢上船，於是薛仁貴將大船的周圍都用彩帳遮圍起來，帶唐太宗前往這座華美的「房子」，唐太宗以為還在陸地上，沒想到早已在海上。瞞天過海，瞞的是天子，使之在不知不覺中渡過大海。許多歷史典故都用到瞞天過海之計，如勾踐臥薪嚐膽滅吳，即以偽裝和假象來使對方產生錯覺，從而達到獲勝目的。

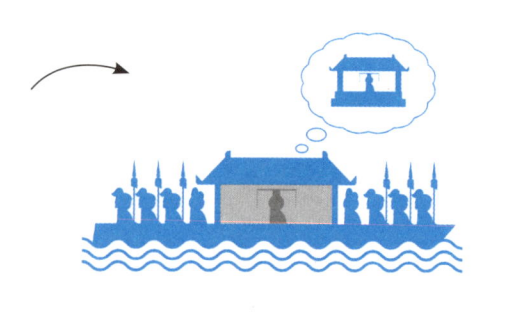

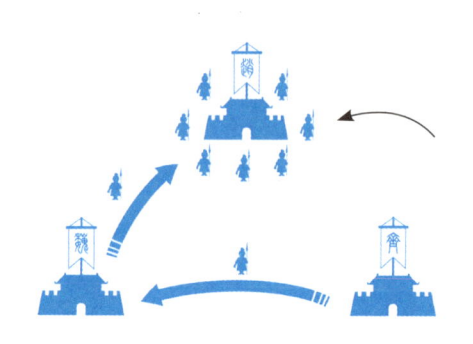

第二計　圍魏救趙

　　計名出自《史記·孫子吳起列傳》，講述戰國時齊國與魏國的桂陵之戰。魏國圍攻趙國都城邯鄲，趙國向盟國齊國求救。齊威王派田忌率兵解救趙國。田忌利用軍師孫臏的計謀，趁魏國精銳部隊在趙，國內空虛之時，引兵攻襲魏都大梁（今河南開封），在魏軍從邯鄲撤退回救時，趁其疲憊，大敗魏軍於桂陵（今山東菏澤東北），解除趙國之圍。此戰役又稱桂陵之戰。後以「圍魏救趙」指襲擊敵人的後方以迫使進攻之敵撤退的戰術。

第三計　借刀殺人

　　計名出自明代戲劇《三祝記》，主要講述北宋時期，范仲淹的政敵密謀讓毫無作戰經驗的范仲淹領兵征討西夏。他們的目的，是想藉由這把鋒利的「刀」（即兵強馬壯的西夏軍隊）來剷除范仲淹。在軍事謀略上，這項計謀的目的是保存我方實力，並巧妙地利用對方的矛盾，間接打敗敵人。

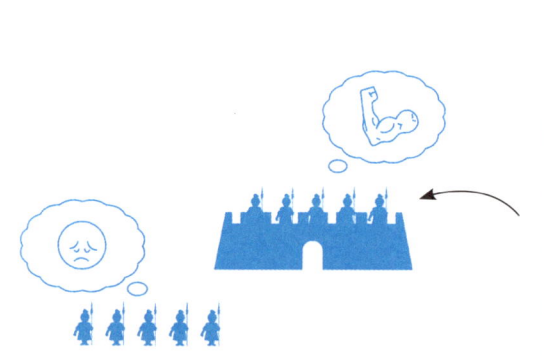

第四計　以逸待勞

　　計名出自《孫子兵法·軍爭篇》：「以治待亂，以靜待譁，此治心者也。以近待遠，以佚待勞，以飽待饑，此治力者也。」大意為：以嚴整的陣容等待敵人的混亂，以鎮靜的姿態等待敵人的急躁喧嘩，這是掌握並運用軍心的方法。我方先到戰場，等敵人遠道而來；自己安逸休整，等敵人疲勞奔走；自己吃飽，等敵人挨餓，這是掌握了保持戰鬥力的方法。不該直接攻擊士氣旺盛、陣容嚴整的敵人，而是審時度勢，後發制人，以柔克剛來打擊敵人。

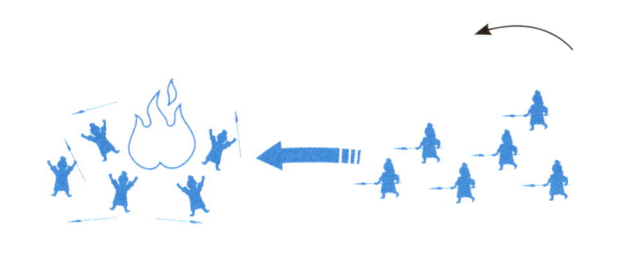

第五計 趁火打劫

　　計名最早出自吳承恩的章回小說《西遊記》第十六回「觀音院僧謀寶貝，黑風山怪竊袈裟」。原文中，在觀音院大火蔓延時，黑風怪「正是財動人心，他也不救火，他也不叫水，拿著那袈裟，趁哄打劫，拽回雲步，徑轉山洞而去。」《孫子兵法・始計篇》裡說的「亂而取之」，同樣是在講此計，用在軍事上，即當敵方身處困境時，趁機進兵出擊，將敵人制服。

第六計 聲東擊西

　　計名出自《淮南子・兵略訓》：「將欲西而示之以東。」「聲東擊西」指製造要攻打東邊的聲勢，實際上卻攻打西邊，這是一種製造假象誘使敵人上當進而出奇制勝的計謀。古代兵書中對其論述有很多，例如，《孫子兵法・兵勢篇》說：「故善動敵者，形之，敵必從之。」

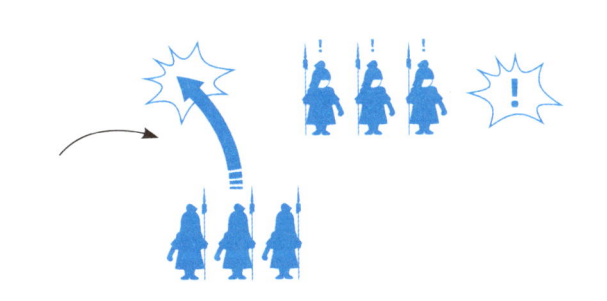

第七計 無中生有

　　計名出自《道德經》第四十章：「天下萬物生於有，有生於無。」此計本是道家術語，指萬物來源於「無」，後來引申為將虛構編撰、憑空捏造的事情說成確有其事。在軍事上是指用一種真假莫辨、虛實結合的手法，用假象迷惑敵人，使敵人判斷失誤而行動錯誤。

第八計 暗度陳倉

　　計名出自西漢司馬遷《史記・淮陰侯列傳》中的「明修棧道，暗度陳倉」，是西漢大將軍韓信用過的計謀，也是古代戰爭史的著名案例。楚漢用兵，漢王劉邦率軍南下漢中，把途經的棧道都燒掉，以示不再揮軍北上與項羽相爭。不久之後表面上重修棧道，暗地裡卻出兵偷襲攻占楚軍據點陳倉（今陝西寶雞東），回到關中咸陽。

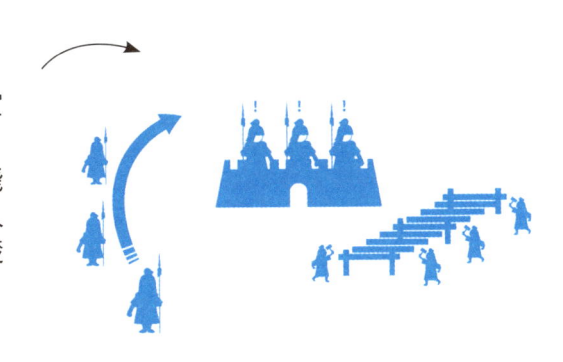

第九計 隔岸觀火

　　計名出自唐代僧人乾康的詩句：「隔岸紅塵忙似火，當軒青嶂冷如冰。」本意指在河的一邊，觀看對岸失火，意即採取置身事外、袖手旁觀的態度。軍事上則指在敵方混亂之際，靜觀其變，順勢取利。

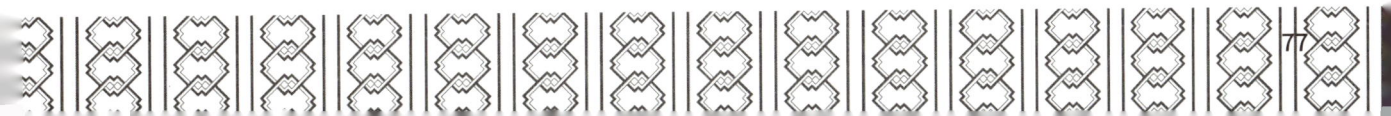

第十計 笑裡藏刀

計名可追溯到唐代詩人白居易的〈勸酒〉：「且滅嗔中火，休磨笑裡刀。不如來飲酒，穩臥醉陶陶。」該成語後出自《舊唐書・李義府傳》：「義府貌狀溫恭，與人語必嬉怡微笑，而褊忌陰賊。既處權要，欲人附己，微忤意者，輒加傾陷。故時人言義府笑中有刀。」原意是表面謙和而內心狠毒，用在軍事上是一種偽裝謀略，透過麻痺對方來掩蓋己方意圖的行動。

第十一計 李代桃僵

計名出自《樂府詩集・雞鳴篇》：「桃生露井上，李樹生桃旁，蟲來齧桃根，李樹代桃僵，樹木身相代，兄弟還相忘。」原指李樹代替桃樹受蟲蛀，後人用「李代桃僵」比喻以此代彼或代人受過。在軍事謀略上是指在雙方勢均力敵，或者敵強我弱的情況下，用較小的代價去換取更大的勝利，類似象棋對弈中「棄車保帥」的戰術。

第十二計 順手牽羊

計名出自《禮記・曲禮上》：「效馬效羊者右牽之。」本指順手把別人的羊牽走，形容在實現主要目的的過程中，伺機取得意外收穫。在軍事上是指利用敵方的間隙和薄弱之處，趁勢加強己方或取勝。

第十三計 打草驚蛇

計名出自宋代鄭文寶《南唐近事》：「王魯為當塗宰，頗以資產為務，會部民連狀訴主簿貪賄于縣尹。魯乃判曰：『汝雖打草，吾已驚蛇。』」原指懲罰了甲而使乙有所警覺。後在軍事上是指己方行動不夠機密，而使對方有所警覺，並提前採取對策。另一層含義指在敵情不明的情況下，應反覆調查清楚可疑之處再行動，防止落入敵人的陷阱中。

第十四計 借屍還魂

　　計名源於「八仙」之一的鐵拐李得道成仙的民間傳說。相傳鐵拐李原名李玄，拜太上老君為師修道。其魂魄離開軀體，飄飄然游於三山五嶽之間。臨行前，他囑咐徒弟看護好自己的肉體，但李玄魂魄多日未歸。後來徒弟等待久了，誤以為他已死去，就將其火化了。待李玄神游歸來時，軀體不見，魂魄無所歸依。恰好當時路旁有一剛死的乞丐，屍體可借用，李玄於慌忙之中將自己的靈魂附於其上。借屍還魂比喻已經沒落或死亡的事物，假借某種形式重新出現或復活。在軍事上指善於利用一切有利條件，爭取主動權，壯大自己，來扭轉局勢，實現勝利。

第十五計 調虎離山

　　計名源於《管子‧形勢篇》：「虎豹，獸之猛者也，居深林廣澤之中則人畏其威而載之。人主，天下之有勢者也，深居則人畏其勢。故虎豹去其幽而近於人，則人得之而易其威。人主去其門而迫於民，則民輕之而傲其勢。故曰：『虎豹托幽而威可載也。』」虎豹可理解為老虎或者君王，都是威猛而得勢的代表，因為離群索居、高高在上而令人畏懼，如果他們離開原先的有利環境，混入大眾人群之中，便會失去原有的威風。同時也代表只有將老虎調離深山，才能將其制服。明代許仲琳《封神演義》第八十八回：「子牙公須是親自用調虎離山計，一戰成功。」在軍事上是指有目的地調動敵人並消滅之的謀略。

第十六計 欲擒故縱

　　計名最早見於《道德經》第三十六章：「將欲歙之，必固張之；將欲弱之，必固強之；將欲廢之，必固興之，將欲奪之，必固與之。」核心含義是指為了捉住敵人，就要事先放走敵人，以放長線釣大魚的方式，達到最終目的。完整體現了老子的辯證思想，後世在此基礎上多有運用，《鬼谷子‧謀篇》中也說：「去之者縱之，縱之者乘之。」

第十七計 拋磚引玉

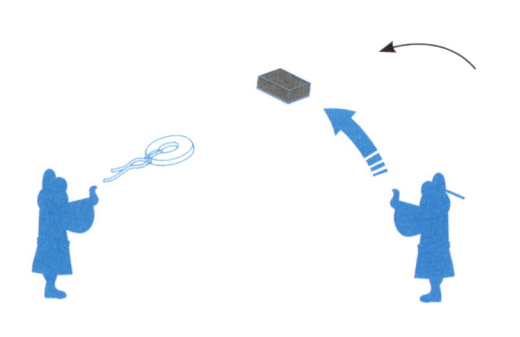

　　計名出自北宋釋道原《景德傳燈錄》：「時有一僧便出，禮拜，師曰：『比來拋磚引玉，卻引得個墼子。』」（墼指的是沒有燒製的磚坯）比喻用自己不成熟的意見或作品引出別人更成熟、更高明的意見或作品。「磚」和「玉」都是形象的比喻，用在軍事上，是指用相類似的東西去迷惑、誘騙敵方，使其落入我方的布局之中，再伺機擊敗敵方。

第十八計 擒賊擒王

　　計名出自唐代詩人杜甫的〈前出塞〉：「挽弓當挽強，用箭當用長。射人先射馬，擒賊先擒王。」原指捉壞人先要捉住其頭領，做事要抓住重點要害，用在軍事上是指首先殲滅敵軍主力或擒拿敵軍首領，借此動搖敵軍鬥志，擾亂陣腳，從而有效瓦解敵人。

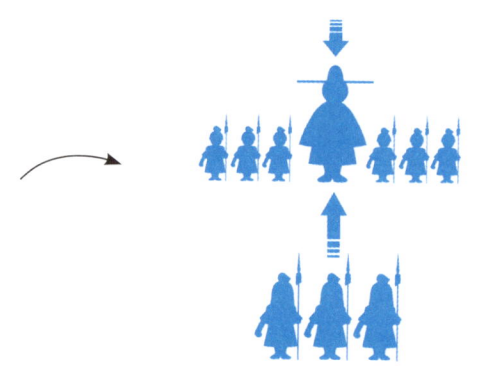

第十九計 釜底抽薪

　　計名出自北齊魏收的〈為侯景叛移梁朝文〉：「抽薪止沸，剪草除根。」要使鍋中的水沸騰，只需在鍋底生火並加柴草即可。若不想讓水沸騰，則可以加一些涼水，或是抽掉鍋底的柴草，即「釜底抽薪」。若僅用揚湯止沸的方式，水雖然會暫時冷卻，但很快又會再次沸騰，沒有從根本上解決問題。水靠火而沸，火則需要薪才能生，釜底抽薪是從根本上消除了水沸的原因，比喻從根本上解決問題。用在軍事上是指面對強敵不可正面作戰，應避其鋒芒，可透過切斷敵人的供給來源，動搖敵人的軍心，使其成為「無源之水，無本之木」，不攻自破。

第二十計 渾水摸魚

　　計名出自《三國志・蜀書・先主傳》。東漢末年，劉備起兵鎮壓黃巾起義，並參與各大諸侯間的混戰，後來在諸葛亮的輔助下，逐漸壯大勢力。赤壁之戰後奪荊州，取西川，就是運用了渾水摸魚之計。其原意指在渾濁的水中，趁著魚看不清方向時，出手捉魚，可因此得到意外的收穫。後來演變為利用對手混亂迷惘、軟弱無主見之時從中漁利的謀略。引申到軍事上，是指趁敵方混亂無主時借機行事，使敵人順著我方的意，是一種亂中取勝的計謀。

第二十一計 金蟬脫殼

計名出自《元曲選・朱砂擔》第一折：「兄弟，與你一搭兒買賣呀，他倒做個金蟬脫殼計去了也。」本意指蟬脫去外殼，蛻變而走，比喻製造或利用假象脫身，使對方不能及時發覺。軍事上是指留下虛假的表象來迷惑敵人，自己則暗中脫身，以實現脫離險境或轉移撤退。

第二十二計 關門捉賊

計名出自《三十六計（祕本兵法）》中：「捉賊而必關門，非恐其逸也，恐其逸而為他人所得也。且逸者不可復追，恐其誘也。」重點是說捉賊的關鍵是要關好門。在軍事實踐中，與兵家常用的圍殲戰用法相近。著名案例有戰國時代齊魏之間的馬陵道之戰、秦趙長平之戰、漢楚垓下之戰等。

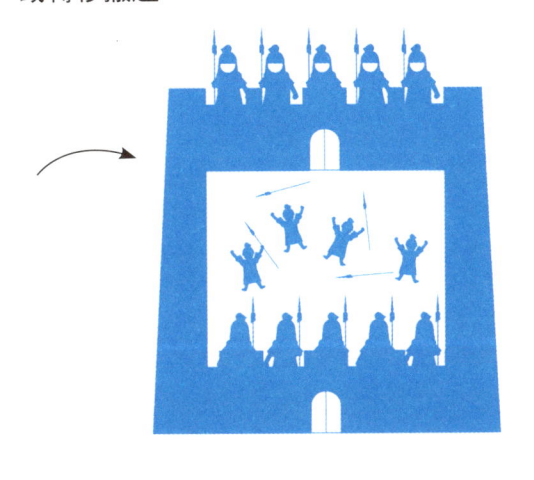

第二十三計 遠交近攻

計名出自《戰國策・秦策三》：「王不如遠交而近攻，得寸則王之寸，得尺亦王之尺也。」這是秦國吞併六國，統一中國的外交策略。可以孤立鄰國，也可以使鄰國兩面受敵，范雎正是用了這一計謀滅六國而興秦國。

第二十四計 假道伐虢

計名出自《左傳・僖公五年》：「晉侯復假道於虞以伐虢。」講的是春秋時期，晉國想吞併鄰近兩個彼此關係不錯的小國：虞國和虢國。晉獻公獻上心愛寶物給虞國國君，並離間這兩個小國，於是虞國借道讓晉國伐虢，晉軍取得勝利後將掠奪財產分給虞公。虞公因貪小利，又同意班師回國的晉軍部隊暫時駐紮在虞國京城附近，而後晉獻公率大軍前去虞國，並約虞公去打獵，待虞公發現京城起火時，京城已被晉軍裡應外合搶占攻陷，於是晉軍輕易地滅了虞國。這是一種以借路滲透、擴張軍事力量，從而不戰而勝的謀略。

第二十五計 偷梁換柱

計名與「偷天換日」、「偷龍換鳳」、「調包計」意思相同，在軍事上是指聯合對敵作戰時，反覆變動友軍陣線，藉以調換其兵力，等待友軍有機可乘時，將其全部控制。秦始皇南巡時知道自己大限將至，要李斯傳達密詔，立扶蘇為太子。但李斯經過趙高的利誘與挑唆，與秦始皇幼子胡亥、趙高勾結，篡改遺詔，將胡亥扶為秦二世，這就是典型的偷梁換柱計謀。

第二十六計 指桑罵槐

計名為一成語，後來比喻為借題發揮，指東說西。作為一計，語見於《金瓶梅詞話》六十二回：「他每日那邊指桑樹罵槐樹，百般稱快；俺娘這屋裡分明聽見，有個不惱的？」用在軍事上是指間接規訓部下，使其聽從指揮的謀略，也可引申為運用政治和外交謀略，向對手施加輿論壓力以配合己方的軍事行動。

第二十七計 假痴不癲

此計原指假裝痴呆，掩人耳目，其實另有所圖。計名是從民間俗語「裝瘋賣傻」、「裝聾作啞」等演變而來。傳說中的箕子佯狂，從而保全性命就是運用此計的典型故事。司馬懿之假病昏以誅曹爽，受巾幗假請命以老蜀兵，所以成功；姜維九伐中原，明知不可為而妄為之，則似痴矣，所以破滅。在軍事上有兩種用法：一是作為兵變的主要手段，用來麻痺敵人，好讓自己暗中積蓄力量，伺機發動攻擊；二是作為迷惑敵軍的愚兵之計。

第二十八計 上屋抽梯

此計來源於以下典故：東漢末年荊州牧劉表偏愛小兒子劉琮，劉琮的母親害怕長子劉琦得勢，未來會威脅到劉琮的地位而忌恨劉琦，劉琦感到自己危險，於是引誘諸葛亮「上屋」，是為了求他指點，「抽梯」則是斷其後路。諸葛亮無奈並為他獻上計謀。此計用在軍事上，是指利用小利引誘敵人，然後截斷敵人援兵，以便將敵圍殲的謀略，是一種誘逼計。

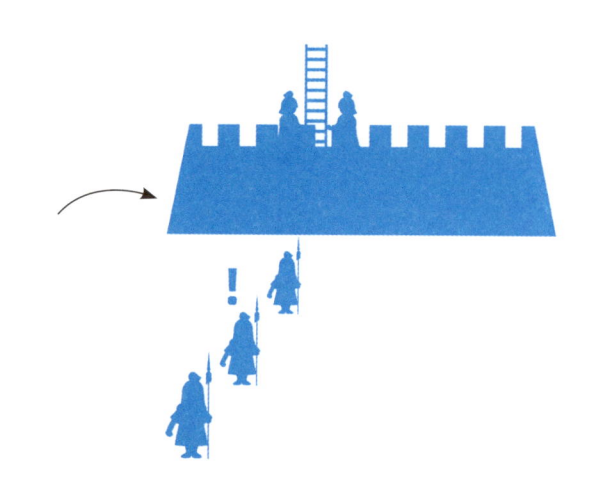

第二十九計 樹上開花

計名是由「鐵樹開花」一詞變化而來。《碧巖錄》上說：「休去歇去，鐵樹開花。」另見於王濟的《君子堂日詢手鏡》：「吳浙間嘗有俗諺云，見事難成，則云須鐵樹開花。」原意為不可能開花的樹竟然開起花來了，比喻極難實現的事情。樹本無花，經過精心偽裝，看上去就有花了。在軍事上是指透過偽裝，製造聲勢以懾服敵人的一種計謀。

第三十計 反客為主

此計出自宋代曾慥《類說》三九：「因糧於敵，是變客為主也。」後見於明代羅貫中《三國演義》第七十一回：「拔寨前進，步步為營，誘淵來戰而擒之：此乃反客為主之法。」後來泛指在一定場合下，採取主動措施，以聲勢壓倒對手，主動掌控局面。或者指改變事物的順位，使之成為主要的事物。

第三十一計 美人計

此計最早出自《韓非子・內儲說下》，春秋時期，晉獻公想要討伐虢國，虞國是必經之地。晉大夫荀息向晉獻公建議：將良馬、美玉和美女獻給虞公，以此迷惑其心智，擾亂其朝政。虞君果然中計，借道給晉國軍隊，埋下滅國之禍。先秦兵書《六韜・文伐》中也言：「養其亂臣以迷之，進美女淫聲以惑之。」如果用軍事手段難以征服敵方，則要善用從思想或意識上擊潰對方的將帥，使其內部喪失戰鬥力。

第三十二計 空城計

此計出自明代羅貫中的《三國演義》第九十五回：「『如魏兵到時，不可擅動，吾自有計。』孔明乃披鶴氅，戴綸巾，手搖羽扇，引二小童攜琴一張，於城上敵樓前，憑欄而坐，焚香操琴。」諸葛亮使用空城計解圍，智退司馬懿，是充分了解司馬懿謹慎多疑的性格，才敢出此險策。後來泛指在危急處境下，掩飾空虛，騙過對方的高明策略。

第三十三計 反間計

　　此計原指策反敵人的間諜為我所用，使敵人獲取假情報而有利於我的計謀，後來泛指用計謀離間敵人引起內訌。《孫子兵法》就特別強調間諜的作用，認為將帥打仗必須事先了解敵情，不可靠鬼神，不可靠經驗，「必取於人，知敵之情者也」。這裡的「人」，就是間諜。唐代杜牧解釋反間計說：「敵有間來窺我，我必先知之，或厚賂誘之，反為我用；或佯為不覺，示以偽情而縱之，則敵人之間，反為我用也。」

第三十四計 苦肉計

　　此計出自元代關漢卿《單刀會》第一折：「虧殺那苦肉計黃蓋添糧草。」《三國演義》中「周瑜打黃蓋，一個願打，一個願挨」，這是人盡皆知的苦肉計。兩人事先商量好，假戲真做，自家人打自家人，騙過曹操，詐降成功，並且火燒曹操八十三萬兵馬。故指故意毀傷身體以騙取對方信任，從而進行反間的計謀。運用此計，「自害」是真的，「他害」是假的，藉此以真亂假。

第三十五計 連環計

　　計名源於元雜劇名，漢末董卓專權，王允設計先將美女貂蟬嫁給呂布，然後又獻給董卓，以離間董呂二人的關係，致使呂布殺死董卓。後來連環計用以指一個接一個相互關聯的計策，語出《兒女英雄傳》第十六回回目：「莽撞人低首求籌畫，連環計深心作筆談。」此計是使敵人行動不便並互相牽制，然後我方再趁機圍殲敵人的策略。

第三十六計 走為上計

　　計名出自《南齊書·王敬則傳》：「檀公三十六策，走是上計，汝父子唯應走耳。」意為敗局已定，無可挽回，唯有退卻，方是上策。宋代惠洪著《冷齋夜話》有：「三十六計，走為上計。」到明末清初，引用此語的人更多，於是有心人蒐集群書，編撰成《三十六計》。此計指戰爭中看到形勢對自己極為不利時就逃走。現多用於做事時，如果形勢不利或沒有成功的希望，選擇撤離則為上上策。

陳大威©繪製